日本一わかりやすい
宇宙ビジネス

ネクストフロンティアを切り拓く人びと

中村尚樹

プレジデント社

日本一わかりやすい
宇宙ビジネス

ネクストフロンティアを切り拓く人びと

はじめに

「人工衛星第1号がうち上げられ、つづいて第2号。今度はわれわれの頭の上を、生きた犬ッコロが飛びまわっているというニュース。これにはアッといった。なんだ、科学の方がよっぽど芸術的じゃないか」[*1]

一九五七年にソビエト連邦が人工衛星の打ち上げに成功した「スプートニク・ショック」で、芸術家の岡本太郎が驚いている。のちに「芸術は爆発だ」の名セリフを残す前衛芸術家さえ仰天させたのだから、やはり宇宙は私たち一般人の想像を超える世界である。

ソ連に負けじとアメリカは、「アポロ11号」で二人の宇宙飛行士を月に送り込んだ。重そうな宇宙服に身を包んだ彼らが月面でぴょんぴょん飛び跳ねる姿をテレビで観て、私たちは感動した。

時代が下ると、宇宙から帰還する「スペースシャトル」の勇姿を観て、いつかは私たちも飛行機を利用するような感覚で宇宙に行けるのではと胸を躍らせた。

宇宙産業は今世紀に入って、その構造が大きく変化した。ＩＴ技術の急速な進歩と普及で、アメリカを中心とした民間のＩＴ関連企業が、宇宙産業に参入してきたからだ。それも国の事業を請け負うのではなく、企業が事業主体となって宇宙開発に取り組むようになったのだ。ＩＴ機器の小型化と高性能化が、ロケットや衛星の開発をあと押しした。

一方、日本では小惑星探査機「はやぶさ」のサンプルリターンが二〇一〇年に成功して世間の関心を惹き、三本の映画が競作された。史上最年長と最年少の二人の候補者が選ばれた二〇二三年の日本人宇宙飛行士選抜試験も、注目を集めた。

　こうした話題がメディアを賑わす以前に、私たちの生活はすでに宇宙利用を抜きには成り立たない仕組みになっている。気象衛星のデータを利用しない天気予報は、もはや考えられない。スマートフォンが爆発的に普及した理由のひとつは、利用者のいる場所に適した様々な情報やシェアリングサービスを提供してくれるからだが、それも衛星電波を利用した位置情報の取得が大前提だ。

　リモートセンシングを利用した災害対策や資源管理など、宇宙からの膨大な情報を活用して私たちの社会は成り立っている。当然、そこには宇宙開発に尽力し、いまも努力し続けている人たちの存在がある。

　日本はソ連、アメリカ、フランスに次いで人工衛星の打ち上げに成功した宇宙大国である。そのきっかけを作った人物として、ペンシルロケットの発射実験を成功させ、日本の「ロケット開発の父」と呼ばれる故・糸川英夫が有名だ。

　本書では、糸川の研究を受け継ぎ、守り育てた人びとの取り組み、さらにはロケットだけでなく、衛星や月面探査、法律面や経済面も含め、様々な角度から宇宙に関わる人たちの思いをひもときながら、宇宙開発の醍醐味を、読者のみなさんと共有してみたい。

　なお、文中で紹介する肩書は基本的に、取材時のものである。本文中の敬称は略させていただいた。

＊1　岡本太郎「人工衛星と美術」『みづゑ』（一九五八年一月号、美術出版社）

日本一わかりやすい宇宙ビジネス　目次

第2章 宇宙の目——リモートセンシング

第3章 宇宙で過ごす——宇宙インフラ構築

第4章 宇宙の約束——法的・経済的検討

第5章 月で調べる——月面探査

第6章 月の水――月面活用

第7章 月で暮らす――月面都市

第1章

宇宙へ行こう！

多様な移動手段

1―0

イントロダクション

ロケット開発の歴史

従来のロケット開発は、アメリカはNASA＝アメリカ航空宇宙局、日本はNASDA＝宇宙開発事業団や、その後身のJAXA＝宇宙航空研究開発機構など政府機関が事業主体となり、国の事業として行われていた。

その理由は第一に、宇宙開発は国威発揚の側面が強かったこと。第二に、宇宙利用は日本以外では軍事利用の比重が高かったこと。第三に、軍事以外は通信衛星や気象観測衛星など公共性の高い衛星利用目的が多かったこと。第四に民間が事業の主体として参入するにはコストがかかりすぎ、同時にリスクも高すぎたことなどがあげられる。

一九八〇年代になると、アメリカのレーガン政権は、民間の宇宙開発参入を促したが、かなりハードルが高いのが現実だった。

そうした状況が一変したのは、今世紀に入ってからのことだ。アメリカでは巨大IT企業のグーグルがスポンサーとなって、宇宙飛行や月面探査をテーマに巨額の懸賞金をかけたコンテストが実施され、これに応えて数多くの宇宙ベンチャーが生まれてきた。こうした動きをあと押しするのが、著名ベンチャーキャピタルだ。

その後、特に突出したかたちで成功したのが、イーロン・マスク率いるスペースXだ。彼は、電子決済システムと電気自動車の成功で得た巨額の資金を宇宙開発に注ぎ込んだ。従来は別々の会社で開発されていた衛星とロケットを、垂直統合して自社開発、自社生産し、再利用可能な大型ロケットで、多数の通信衛星を地球を取り巻くように配置するというビジネスモデルを確立した。これによってスペースXは、地球のどこでも安価で手軽な無線通信を可能とした。ロケット輸送のコストについては、従来の数分の一にまで引き下げるという、革命的な変革を実現した。

以前は比較的安価に利用できていたロシアのロケットが、ウクライナ戦争の影響で西側諸国は利用できなくなったことも、スペースXの一人勝ちをあと押ししている。

一方で大型ロケットは、たとえて言えば大型バスのようなもので、人工衛星の打ち上げを依頼する企業にとってみれば、自社の希望する最適な軌道に衛星を投入してもらえるかどうかはわからない。ということで、タクシーにあたる小型ロケットの市場も活気づいている。この分野でもアメリカ勢がリードしていて、ロケットラボが先頭を走っている。

宇宙旅行の分野ではスペースXの他、アマゾンのジェフ・ベゾスが創業したブルーオリジン、ヴァージン・グループを率いるリチャード・ブランソンが創業したヴァージン・ギャラクティックが民間人の宇宙旅行を実現している。

躍進の著しい国は中国とインドだ。それぞれ独自にロケットや衛星を開発し、すでに月面着陸も成功させている。

これに対して日本はというと、ロケット輸送の分野では、世界に大きく後れをとっていると言わざるを得ないのが現状だ。それは日本が停滞したというよりも、アメリカや中国の進化があまりに急激だったというべきかもしれない。とはいうものの、現時点で競争をあきらめるわけにはいかない。ウクライナ戦争でロシアのロケットを利用できなくなったことでもわかるように、他国に宇宙輸送をすべて任せてしまうのは、安全保障や経済合理性の面から言っても望ましくないという意見が強いからだ。

第一章では糸川博士のロケット開発を受け継いだ人びとの系譜、そして民間ロケットの開発、さらには将来の可能性として宇宙エレベーターにも言及することとしたい。

1－1

観光丸構想

宇宙科学研究所教授　長友信人

五〇人乗り宇宙旅客船

「もしフルサイズの宇宙旅行産業が成り立ったらどうなるか（中略）という問いに答えるための研究でした。その前提はアンケート調査の結果でして、これを出発点として需給関係を仮定して、ロケットの概念設計をしていただいて『観光丸』が誕生しました」

二〇〇六年一一月、東京都内のホテルで、「日本ロケット協会」の50周年記念総会が開催され、会長経験者の長友信人《まこと》が特別講演を行った。

日本ロケット協会は、大学やロケットメーカー、航空会社などで航空宇宙工学に関わる専門家が作っている民間団体である。初代の代表幹事が「日本のロケット開発の父」と呼ばれる糸川英夫だ。

一九九三年に開かれた日本ロケット協会年次総会の席上、宇宙旅行用の機体設計を研究目標とすることが、テーマの「想起人」である長友（当時は日本ロケット協

スペースポートから離着陸する観光丸のイメージ図（提供：日本ロケット協会）

会副会長、文部省宇宙科学研究所教授）から提案され、総会の承認を受けて研究活動がスタートした。そのための実務担当として、航空宇宙機メーカー、ロケット燃料メーカーや航空運輸会社などの専門家からなる「運輸研究委員会」が新たに組織され、第一期研究フェーズとして観光丸の機体規模や形状などを策定した。一九九五年に始まった第二期研究フェーズでは「宇宙旅行事業化研究委員会」が設立され、観光丸の開発計画と製造費の見積もりなどを行った。一九九七年から行われた第三期研究フェーズでは、宇宙船の安全性について研究が行われた。長友は研究全体に関わる立場から、オブザーバーとして各委員会に参加し、足かけ九年にわたる検討を経てまとめられたのが観光丸構想である。

講演で、長友は次のように続けた。

「観光丸はいわばフルサイズの旅客船でありまして、五〇人乗りで地球を二周する標準の性能、毎日運行可能、また緊急時には二四時間まで軌道に滞在可能であって、軌道上ホテルへの往復飛行はその性能の範囲内にある。そういうものでした」

観光丸とはそもそも、幕末にオランダから贈られた日本で最初の蒸気船の名前である。文明開化の象徴的存在でもあった船の名前にあやかって、宇宙という海原に乗り出していこうという気概を込めたものだ。実務を担当したのは、プロジェクトに参加した大学やメーカーの研究者たちである。長友は計画の取りまとめ役だが、最終的な責任者として「観光丸」と命名した。

その構想設計を中心的に担ったひとりが米本浩一だ。米本は長友の志を受け継いで、東京理科大学発ベンチャー「SPACE WALKER」（以下、スペースウォーカー）を創業した。これについては次節で紹介したい。

観光丸の模型（提供：日本ロケット協会）

観光丸の概要は、以下の通りである。

最大直径一八メートル、脚の部分を含めた全長二二メートルで、どんぐりのような形のロケットだ。打ち上げ時の質量は五五〇トンで、垂直離着陸の単段式である。ちなみにアメリカのスペースシャトルは全長約五六メートル、打ち上げ時の質量が約二〇〇〇トンだ。観光丸の客室は二階建てで、吹き抜けゾーンも用意され、無重力状態になると宇宙遊泳を存分に楽しむことができる。客席は座ったままで外が眺められるよう、外向きで円形に配置され、乗客五〇人の他、操縦士と客室乗務員が二人ずつ搭乗する。

上昇するときの人体に加わる加速度は最大で３Ｇ程度、つまり体重が地上の三倍に感じられるということだが、「ジェットコースターに乗れる程度の体力のある人なら問題ない」と米本は説明する。長友はその加速度を実際に確認するため、週末には遊園地にでかけ、身体に加速度計を縛りつけてジェットコースターに乗り、どのくらい乗ったら気持ち悪くなるかを調べていたという。

エンジンは液体水素を燃料とする一二基の比較的小型なエンジンを、円周上に配置する。地球への帰還時にはエンジンを地上側に向け、出力を微調整しながら逆噴射して、正確な姿勢制御を実現する。機体はエンジンや燃料タンクを切り離さない単段式、耐久性を考慮した小型エンジンは飛行機並みの点検方式と長寿命化を可能とし、一〇年で三〇〇〇回の再利用を見込んでいる。

宇宙旅行の内容は、国内のスペースポートから出発し、数分で大気圏外に出る。地球周回軌道に入ると、観光丸は機体の上部を地球側に向け、乗客が地球の景色を眺めやすい体勢をとる。地球を二周すると、再び出発地点に戻ってくる。所要時間は約三時間だ。到達高度は約二〇〇キロ。窓から地球全体を一望することはできないが、地球は確かに丸いと実感することができる。それ以上、高く上がろうとすると、ロケットの輸送能力が急激に低下するため、乗客と燃料とのバランスでこの高度が選ばれたのだ。

観光丸の飛行する軌道は、地球全体をバランスよく観光できるよう、熱帯地域や砂漠のある低緯度から、緑鮮やかな高緯度、さらには北極や南極まで、傾斜角を大きくとり、次々と移りゆく景観を満

軌道上では機体上部を地球に向け、窓から地上の様子をよく見えるようにする。（提供：日本ロケット協会）

喫できるようにする。

出発する時刻や時期を選ぶことで、観光したい内容を選択する。例えば夜間出発の便では、ハワイで火山が噴火している様子を見ることができる。季節によっては、オーロラが演出する光のカーテンを堪能することもできる。各席には電話が用意され、地上にいる家族や友人と会話しながら宇宙を楽しむことも可能だ。

世界初の有人宇宙飛行に成功したガガーリンは「地球は青かった」という名セリフを残した。彼のように、想像を超える地球の美しさを目の当たりにした宇宙飛行士の多くが、地球のかけがえのなさを訴えている。それが「オーバービュー効果（概観効果）」と呼ばれるもので、観光丸の乗客たちも実感することができるだろう。

プロジェクト全体でかかる費用は開発費

も合わせ、五二機製造してトータルで約三兆八千億円を見込む。これを一機あたり七一六億円で、運行会社に販売する。大型ジェット機二機分くらいの価格だ。

初期の旅行代金は一人あたり数千万円かかるとしても、一機あたり年間三〇〇回の飛行で、十年間運用すれば、一人約三〇〇万円程度の旅行代金に落ち着くと試算している。

ここで強調しておかなければならないのは、開発費を検討した結果として旅行代金が決まったのではないという点だ。日本を含む数カ国でマーケットリサーチを実施し、一般の人が「宇宙旅行のために支払ってもよい」と答えた金額を前提に需要を予測した上で、支出できるであろう開発費用を算出して機体設計などを行った結果なのだ。その背景には、宇宙を開かれたものにしたいという長友の強い意向が反映されていた。JAXA宇宙科学研究所（略称はISAS。以下、宇宙研）元副所長でJAXA参与の稲谷芳文は、「ロケット開発自体を自己目的化するのではなく、次の時代に宇宙で何をするのかをまずはよく考えようということです[*1]」と、その目的を解説する。

さらに試験的なモデルとして、定員一〇人で機体サイズが五分の一の「ミニ観光丸」の検討も行った。

観光丸構想は国内だけでなく海外からも注目を集め、アメリカやイギリス、香港などの放送局で紹介されたりした。稲谷は、「体系だった宇宙旅行の計画はその頃、外国にもありませんでした。観光丸は日本より、むしろ外国のほうが有名でした」と語る。

二〇二一年にアメリカのブルーオリジンが垂直離着陸の再使用型ロケット「ニューシェパード」で、一般の客を乗せて宇宙旅行を成功させたニュースは、記憶に新しい。

観光丸の検討が始まったのは、いまから約三〇年も前のこと。宇宙研では一九九〇年代から、垂直離着陸をする単段式の再使用ロケットを開発してきた。その中心人物が稲谷である。宇宙研教授で能代ロケット実験場所長の小林弘明は「単段式で垂直離着陸型の完全再使用ロケットの開発は、日本が世界を先導していました*2」と書いている。しかし残念ながら、観光丸構想が具体化することはなかった。

「ロケット屋」キャリアの始まり

ではなぜ長友は、宇宙旅行の実現を目指したのだろうか。それには長友のパーソナリティも影響していたに違いない。まず長友の長男で、大阪大学レーザー科学研究所准教授の長友英夫に話を聞いた。ちなみに英夫という名前は、長友の師である糸川英夫にちなんで、長友が名付けたという。英夫によれば、「糸川先生の前で『うちの英夫がね……』と言いたくて、勝手に名前を拝借したようです。糸川先生には事後報告でした」とのことだ。ただし長友の後輩によれば、「『おい、こら、英夫！』と、ストレスを発散したかったから」という説もある。

まず、長友の生い立ちを紹介したい。

日中戦争の始まった一九三七年、長友は裁判所で判事をしていた父と、小学校教員の母の、三人兄弟の長男として大阪で生まれた。

幼い頃から、思いついたらすぐに行動してしまう、落ち着きのない子どもだった。幼稚園のときの長友らしいエピソードがある。豆まきで鬼のお面を作るとき、絵を描いたあとで最後に先生が目の部分をくり抜いてくれる手順だったのに、さっさと絵を描き終えた長友は、自分ではさみを入れて大きな穴を開けたという。他の子たちは穴あけパンチできれいな目を入れてもらっていたので、「自分だけ、目がぱっちり見えて恥ずかしかった」と話していた。仕事や家事、趣味で、長友が何か早とちりをして失敗すると、「また鬼のお面の目をくり抜いてしまった」と言って、家族で笑っていたという。

判事という仕事は転勤が多く、北は樺太から南は宮崎まで、小学校は六校、中学校は三校、高校は二校に通った。それもあって「どこへ行っても、海外に行っても、誰とでも対等に話せるという人間性が育ったのでは」と、英夫は話す。

「基本的に、何かわからないことがあったらすぐ人に話を聞きに行くという精神だったみたいです」

天文学を志して東京大学に入ったが教養学部在学中、ソビエト連邦が世界初の人工衛星打ち上げに成功したニュースに刺激され、航空学科（航空宇宙工学科の前身）に転進を決意した。しかし周りを見ると、いかにも優秀そうな学生ばかりである。

「『航空学科に入るのは大変らしい。相当成績が良くないと無理だ』と言いふらしていたら、なんとか滑り込めた」

英夫にはそう語っていた。ウソかマコトか、謙遜なのか、よくわからないが、ユニークなキャラクターである。

やがて卒業を間近に控えた長友は、就職するつもりで、すでに大手メーカーから内定を得ていた。そこで大学の指導教官に推薦状の発行を依頼しに行ったときのエピソードを、英夫が披露してくれた。

教官「君は就職するつもりなのか？」
長友「はい。内定をいただきました」
教官「ダメだ。君は会社へ行ってはダメだ。君が行ったら会社が潰れる」
長友「先生、ご冗談でしょう。推薦状をお願いします」
教官「冗談じゃない。真面目な話だ。君は会社をダメにするから推薦できない。先方には私が謝りに行くから、とりあえず大学に残りなさい」

その先生が、長友をどう評価していたのか、いまとなってはわからない。
長友は途方に暮れた。やがて糸川が面倒を見てくれることになり、その後の長友がある。この話の続きとして、長友は何十年もたってから「結局、私が行かなくても、あそこは傾いたよ」と苦笑していたという。

大学院では糸川の指導を受けてロケットエンジンの研究を始めた。在学中に日本の本格的な衛星打ち上げロケット「M（ミュー）」の基本設計も担当した。

大学院を修了すると東京大学宇宙航空研究所に助手として採用されて、研究者の道を歩み始めた。長友は自らを「ロケット屋」と言う。日本初の人工衛星「おおすみ」の打ち上げや、初期の科学衛星の打ち上げに関わった。NASAの「マーシャル宇宙飛行センター」に派遣され、スペースシャトル科学実験プロジェクトに参加した経験も持っている。

宇宙航空研究所はのちに組織改正が行われて国立大学共同利用機関の宇宙科学研究所となり、長友は東大教授併任で宇宙研教授となった。一九八三年からは、翼を備えた宇宙往還機の研究を開始した。

一九九七年に東大を、二〇〇〇年に宇宙研をそれぞれ定年で退くまで、日本の宇宙研究開発最前線で活躍した。ちなみに、宇宙研とNASDA、それにNAL＝航空宇宙技術研究所が統合されて、二〇〇三年にはJAXAが発足している。

参考までにJAXAに統合される以前の、宇宙研とNASDAの役割分担を簡単にまとめると、宇宙研は学術調査や科学研究を目的とし、ロケットは純国産だが、大きさは直径一・四メートルを超えないものに当初は制限されていた。ロケットを打ち上げる発射場は鹿児島県の内之浦だ。一方、NASDAはアメリカから技術供与を得てロケットを開発し、同じ鹿児島県の種子島で実用衛星の打ち上げを担っていた。

液体燃料ロケット実験日本で初成功

宇宙研で長友は前述したようにロケットの開発と運用に参加し、エンジンの地上燃焼実験やシステム試験などを担当した。高度な科学衛星の打ち上げが可能な誘導制御付きロケットの研究開発も行った。これと並行して液体水素を燃料、液体酸素を酸化剤として使う日本初の「液体燃料ロケット」の実験にも着手した。

一般に宇宙研は固体燃料を使うロケットを担当し、液体燃料ロケットはNASDAが開発したといわれる。衆議院科学技術振興対策特別委員会の「宇宙開発に関する小委員会」が一九六六年に行った小委員長報告では「直径一・四メートルを超えるロケットおよび液体燃料ロケットの開発（中略）に

1973年、液体水素エンジンを実験中。中央でボードを持つのが長友さん。右隣が棚次亘弘さん
（提供：稲谷芳文氏）

ついては、科学技術庁が中心となって推進すること」とされているからだ。

　しかし宇宙研で教授を務めた棚《たな》次亘弘《つぐのぶひろ》は、「1973年当時、長友研では液水／液酸ロケットの基礎研究も行われており、能代ロケット実験場で推力100キロ〜1トン程度のエンジンの燃焼試験を行っていた。これも日本で最初の液水／液酸ロケットエンジンの試験であった。その後、1975年から日本で本格的な液水／液酸ロケットの開発が始まり、宇宙研も推力10トン級のエンジンを開発研究することになった。この成果は、国産ロケットH－Iの2段目の推進系に反映された[*3]」と書いている。

「液水」は液体水素、「液酸」は液体酸素のことである。

宇宙研元所長の秋葉鐐二郎も長友の実験について、「政府の宇宙開発委員会の委員長代理をしていた山縣昌夫さんが、その話を聞き、実験を見に来られました。これを発展させれば、日本だけで液体燃料ロケットを造ることができる。そう判断されました」「長友さんが基礎を築いた技術が、次世代の『H1』ロケット、次々世代の『H2』に生かされました[*4]」と述べている。

宇宙研助教を務めた成尾芳博は「当時、液体水素は市販されておらず、ましてやそれをロケット燃料に利用しようなどという発想は、少なくとも日本にはなかった」とした上で、当時を述懐した長友の言葉として「皆が危ない危ないと言って何も始められない雰囲気の中で、危ないって言っている人たちを何とか教育して、僕がやりたいことを実現しなきゃあいかんと思った[*5]」と記録している。

しかし、液体燃料ロケットの歴史で長友の功績が語られることはない。成尾は次のようにも述べる。

「長友先生は、他人からどのような評価を受けているかはあまり気にされない方であった。しかし、その長友先生が実に悔しそうな顔をされたことがある。それは、液体水素を燃料とするロケットエンジンの燃焼試験に日本で初めて成功したという事実が、日本の宇宙開発史に何も記述されていないことを知ったときであった」

NASDAはアメリカから技術導入して開発したNロケットの後継として、液体燃料ロケットを国産化する方針を打ち出し、国の宇宙開発委員会の意向も受けて宇宙研の研究成果を引き継いだ。その結果、液体燃料ロケットはNASDAの管轄となった。

「宇宙研で新しいことに挑戦しようとしても、規模が大きすぎるとか、宇宙開発事業団との関係とか、いろんな壁にぶちあたる。長友先生はある時期まで宇宙研で全部やろうとしていたのですが、あるときから、宇宙研というよりも、日本中を巻き込んでやろうと思われるようになったのではないでしょうか」と語るのは、長友との付き合いが長い稲谷だ。

長友は、まだ誰も考えていないアイデアをまず形にすることこそ最も大切、そして最も難しいことであることを知っていた。

日本初、世界初の挑戦

長友の特に力を入れたテーマが、一般にはスペースプレーンと呼ばれる完全再使用型弾道飛行機「ＨＩＭＥＳ」（以下、ハイムス）の開発だ。ハイムスで特徴的なのは、前出の棚次を中心に「エア・ターボ・ラム・ジェットエンジン」開発に力を入れたことだ。宇宙空間には酸素がないため、ロケットは酸化剤を搭載している。しかし宇宙空間に出る前まで大気中の酸素を利用できれば、その分、ロケットに搭載する酸化剤を減らせて、機体を小さくしたり、積み荷を増やしたりできる。当時としては最先端の取り組みだった。しかし残念ながら、宇宙研の予算規模では十分な研究を行えず、途中で打ち切りになってしまった。

前出の秋葉は、長友の生涯にわたる業績について「長友さんが手を染めた日本で初めて、世界で初めてという試みは、ざっと勘定してみても、十指に余るのではないでしょうか[*6]」と高く評価する。

スペースシャトルを利用する実験を打ち出したのも長友だ。そのひとつとして、宇宙プラズマに関する実験が行われた。ＩＳＳ＝国際宇宙ステーションの日本実験棟「きぼう」の大きな特徴である、外部に露出した曝露部を提案したのも長友だ。宇宙放射線の影響調査に大きく貢献している。

日本で電気推進エンジンの基礎を築いたのも長友だ。これは長友の博士論文となっている。それが小惑星探査機「はやぶさ」のイオンエンジンにつながっている。

光を帆に受けて航行するＪＡＸＡの「イカロス」が二〇一〇年、宇宙に飛び立った。その原案とも言える宇宙ヨットによる国際的な月レースのプランを、日本側の代表として取りまとめたのも長友だ。

いまでこそ宇宙デブリと呼ばれる宇宙のゴミに注目が集まっている。この宇宙デブリについて日本はもちろん、世界的にもいち早く警鐘を鳴らしたひとりが長友だ。

詳細に見ていけば長友がオリジナルの考案者というわけではないにしても、いずれも時代を先取りしたアイデアや行動であり、その慧眼には驚かされる。

英夫に聞いた、こんなエピソードがある。打ち上げ準備のため、長期で内之浦に滞在していた頃、やることがなくて暇なことがよくあった。そんなとき、ふと思いついてロケットの整備棟に登り、金属片を落としてみたら、ヒラヒラ落ちるときと、すーっと流れるように飛んでいくときがあることに気が付いた。そこでたくさんの金属片を延々と落として、落ちる場所を記録し、報告書にまとめた。それがいつの間にか、ロケット打ち上げ時の危険水域を決める際の根拠になっていたという。「暇なときでも、何かやってまとめておけば役に立つこともある」と英夫に語ったという。

長友に対して「天才」「鬼才」という評価が、人びとの口にのぼるのもうなずける。その割には、「ペンシルロケット」の糸川や、「はやぶさ」のプロジェクトマネージャーを務めた川口淳一郎のように、一般的な知名度はない。確かに長友には、彼らのように、一世を風靡した代表作はない。

宇宙研で教授を務めた河島信樹は「長友先生は、立ち上げた仕事が軌道に乗ると人に任せて次の新しい仕事に移るのを生きがいにしていました」[*7]と回想している。

長友の研究スタイルは、斬新なアイデアを提案し、周りの人たちを仲間に引き入れてプロジェクトを立ち上げ、どのように構築するかというシステムをまとめると、その後の作業は彼らに任せて、自分はまた新たな課題にチャレンジし始めるというものだ。

稲谷は、長友の口癖を次のように記している。

「My best performance is "non-presence."」

〝不在〟こそ、最良のパフォーマンスだと長友は言う。それについて稲谷は、こう解釈する。

「多くの長友評は、『物事の初めだけやって、さっさと身を引いて自分は次へ行く』と、ポジティブにもネガティブにもとらえられています。しかし、自分がいないとできない体制を作るのと、いなくても転がる体制を作るのと、どちらが簡単でどちらが困難なことか、考えてみれば答えは自明です」

長友は成果を求めるというよりも、目的を成し遂げるためのシステム作りに心血を注いだと言えるかもしれない。長友自身は、こうしたやり方を「刺激研究」と称していたという。稲谷は続けて言う。

「そうできるために人も含めた必要な手だてを事前に打っておくための最大の努力をする。しかも功利的でなくパッションと人間的魅力で、というのが長友先生の世の中との付き合い方や約束の守り方であって、意識の上か下かは別にして、この辺は尋常でないくらいでした」[*8]

川口は大学院生時代に長友から「見えるものはみな過去のもの」というアドバイスを受けたと述べ

退職後の2005年、愛艇「ごんべえ」でヨットを楽しむ長友さんと妻の純子さん（提供：長友英夫氏）

ている。「過去の模倣に甘んじない」[9]ということだ。

同時に長友は「描くことのできるものは実現しうる」[10]とも断言する。

長男の英夫は「『夢』って言うと、怒るんです。『夢って言うと夢で終わってしまうので、夢じゃダメなんだ』というのが本人の主張でした。『実現できるものは夢じゃない』と言ってましたね」と回想する。「『マスコミの科学担当者が話を聞きに来るうちはダメだ。経済担当者が興味を持ってくれないといけない』が父の口癖でした」とも言う。

本節の冒頭で紹介した日本ロケット協会特別講演の最後を、長友は次のように締めくくった。

「先進工業国が育ての親である地球を食いつぶすか、それとも新たなフロンティアを開発するか、そのかぎを握っているのが宇宙活動であります。宇宙の夢を売り込むことより、宇宙の資源とエネルギーを本気で開発することを考える時代になっています。このような大きな視点から、ロケットの未来を構築していただきたいと祈念いたします」

講演が終わると長友は、付き添いで同行していた英夫と共にひっそりと会場をあとにした。すでにそのとき、長友の身体は病に侵されていた。入院先の病院を抜け出して参加していたのだ。五カ月後の二〇〇七年四月一七日、長友は静かに息を引き取った。遺言は「誰にも知らせるな」だった。自らの最期まで"non-presence."を貫き通した一生だった。

長友は観光丸で宇宙という海原に船を漕ぎだした、宇宙大航海時代先駆けのひとりであった。

＊1　稲谷芳文「観光丸のレガシー」二〇一六年、『宇宙科学技術連合講演会講演集』
＊2　『ISASニュース』二〇二三年一月号
＊3　『ISASニュース』長友信人先生追悼　二〇〇七年八月号
＊4　二〇二三年六月二二日付、読売新聞
＊5　『ISASニュース』長友信人先生追悼　二〇〇七年八月号
＊6　『ISASニュース』長友信人先生追悼　二〇〇七年八月号
＊7　『ISASニュース』長友信人先生追悼　二〇〇七年八月号
＊8　『ISASニュース』長友信人先生追悼　二〇〇七年八月号
＊9　二〇一一年三月一一日付、日本経済新聞
＊10　長友信人『1992年　宇宙観光旅行』（一九八六年、読売新聞社）

1 ― 2

日本版宇宙船開発

スペースウォーカー

二〇二一年、宇宙の旅元年

二〇二一年は、民間による宇宙旅行元年として記憶される年となった。ヴァージン・グループの「ヴァージン・ギャラクティック」は七月一一日、創業者のリチャード・ブランソンを乗せて宇宙空間に到達する有人試験飛行に成功した。アマゾン創業者のジェフ・ベゾスが立ち上げた「ブルーオリジン」は、それに九日遅れた二〇二一年七月二〇日、民間企業として一般の顧客を乗せた世界初の宇宙旅行に成功した。続く一〇月一三日の飛行には人気SFシリーズ『スター・トレック』でカーク船長を演じた九〇歳のウィリアム・シャトナーが搭乗し、宇宙に行った最高齢記録としても話題になった。

同年九月一五日には、イーロン・マスク率いる「スペースX」が民間の顧客を乗せて地球を周回する宇宙旅行に成功した。

無重力状態の機内で遊泳するリチャード・ブランソン氏（提供：ヴァージン・ギャラクティック）

同じ二〇二一年一二月にはアパレルの通販サイトを立ち上げた前澤友作をはじめ、ロシアの映画監督や俳優がロシアのロケット、ソユーズを使って国際宇宙ステーションに滞在した。

ただし、民間人が宇宙旅行を楽しんだのは、彼らが最初ではない。実はその二〇年前から、宇宙飛行士ではない一般人が宇宙旅行を体験している。アメリカの実業家が二〇〇一年にロシアのロケット、ソユーズで宇宙に行き、国際宇宙ステーションに滞在した。その費用は二〇〇〇万ドル、当時の為替レートで約二二億円と推定されている。翌二〇〇二年には南アフリカの起業家が、さらにはマイクロソフトでエクセルやワードを開発した天才プログラマーが二〇〇七年と二〇〇九年の二回にわたり、同様にソユーズで宇宙旅行を体験している。

一九九〇年には、ＴＢＳ記者の秋山豊寛がソユーズを使って日本人として初の宇宙飛行を体験した。

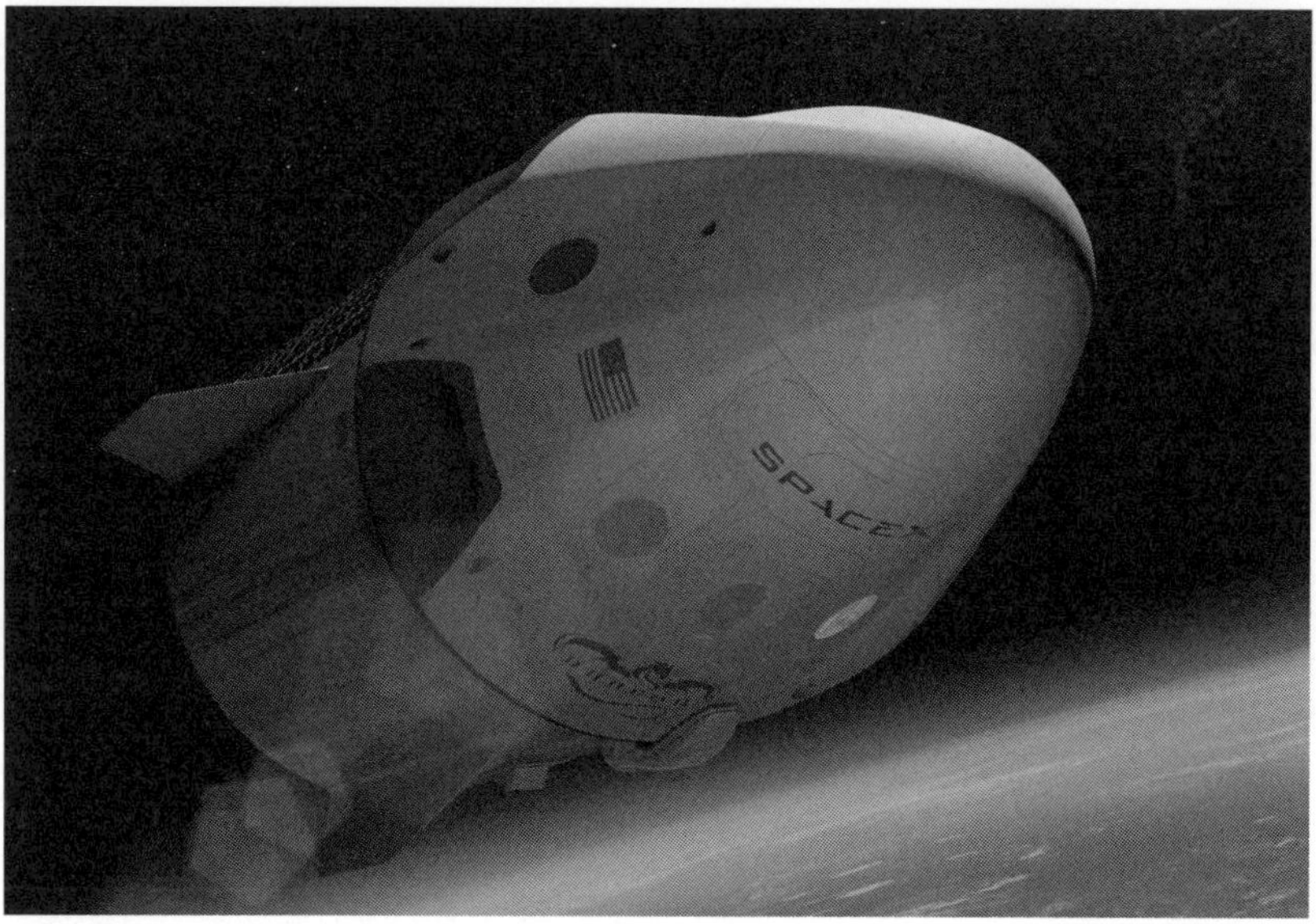

宇宙船クルードラゴンのイメージ図（提供：スペースX）

民間企業も宇宙旅行参入

前澤やロシアの映画関係者が搭乗したロケット、ソユーズを打ち上げたのは、ロシア国営の宇宙企業、ロスコスモスである。つまり国家主導の事業ということである。

これに対してスペースX、ブルーオリジン、ヴァージン・ギャラクティックはいずれもアメリカの民間企業だ。つまり二〇二一年は、民間企業主導の宇宙旅行が実用化に入った年ということなのだ。興味深いことに三社三様で、それぞれ飛行のスタイルが異なっている。

スペースXは、全長七〇メートルで二段式の大型ロケット「ファルコン9」などを開発している航空宇宙企業だ。二〇二〇年には民間として初めて、国際宇宙ステーションに自社開発の宇宙船「クルードラゴン」をドッキングさせ、宇宙飛行士を乗せて地球に帰還した。二〇二一年九月の飛行ではクルードラゴンに、いずれも宇宙旅行は初めてという四人の民間人が乗り込んだ。このときの宇宙旅行では、驚くべきことにプロの宇宙飛行士は搭乗せず、民間人だけで国際宇宙ステーションより上空の高度約五八〇キロで地球を約五〇回も周回する宇宙旅行を成功させた。

このように地球の軌道を周回する飛行を「オービタル飛行」という。オービタルとは「軌道」のことだ。これに対して、地上から打ち上げられたのち、宇宙に到達しても地球を周回することなく地上に戻る飛行のことを「サブオービタル飛行」という。サブオービタルは準軌道と訳される。砲弾のように放物線状の軌道を描くことから「弾道飛行」と呼ばれることもある。ブルーオリジンとヴァージン・ギャラクティックの二社による宇宙旅行は、サブオービタル飛行である。

このうちブルーオリジンは、全長一八メートルの単段式ロケット「ニューシェパード」を使用し、先端には大きな窓を備えたカプセル型の宇宙船を搭載する。二〇二一年七月には四人の民間人を乗せて高度一〇〇キロを超えた。宇宙船はパラシュートで地上に軟着陸し、世界初の民間企業による民間人を乗客とした宇宙旅行に成功した。無重力状態の時間は約五分間で、打ち上げから帰還までの飛行時間は一〇分一〇秒だった。

こうしたロケットタイプとは異なるアプローチをとるのがヴァージン・ギャラクティックだ。全長二四メートル、全幅四三メートルという大型の双胴航空機「ホワイトナイト2」の下部に、全長一八メートル、全幅八メートルで、可動式の翼を持つ宇宙船「スペースシップ2」を吊り下げる形で搭載する。地上発射の場合は濃い大気層を通過するため、大きな空気抵抗や空力加熱がある。そこで効率

ニューシェパードの打ち上げ（提供：ブルーオリジン）

的に宇宙に到達するため、空中発射方式を採用しているのだ。二〇二一年には六人が搭乗し、高度一五キロでホワイトナイト2から空中発射されたスペースシップ2はロケットエンジンで垂直に上昇して高度八〇キロを超え、約四分間の無重力を体験した。ホワイトナイト2の機体は軽量で強度の高い炭素繊維強化プラスチックが多用され、グライダーのように滑空して帰還した。

ここで、どこからが宇宙となるのか、確認しておこう。それは地球からの距離によって区分される。一般的には地表からの高度一〇〇キロ以上が宇宙とされる。これは国際民間団体の「国際航空連盟」が規定しているもので、カーマンラインと呼ばれる。

なお、JAXAのウェブサイト「ファン！ファン！JAXA」によれば、アメリカ空軍は八〇キロから上を宇宙と定義している。なぜカー

母機ホワイトナイト2と共に上空へ向かうスペースシップ2（提供：ヴァージン・ギャラクティック）

マンラインではないのか。米空軍、米海軍、それにNACA（NASAの前身）が発注し、ノースアメリカンが開発した、ロケットエンジンで加速する極超音速実験機X－15は一九六三年、高度一〇〇キロのカーマンラインに初めて到達した。同機による実験は全部で一九九回行われたが、このうち高度五〇マイル、つまり八〇キロを超えた飛行が一三回あり、そのときのパイロットにも「宇宙飛行士記章」が授与されたことによる。

ちなみにジェット旅客機の巡航高度は一〇キロ、小型のビジネスジェットで一五キロ程度だ。

話を戻してヴァージン・ギャラクティックの場合、スペースシップ2は航空機のように地上に帰還するため、再使用が可能となるのはおわかりだろう。興味深いのは、スペースX、そしてブルーオリジンである。垂直に打ち上げられる従来型のロケットはこれまで、基本的に使い

宇宙空間のスペースシップ2（提供：ヴァージン・ギャラクティック）

捨てだった。機体の再使用を売り物としたスペースシャトルも、外部燃料タンクは使い捨てだった。これに対して両社のロケットの本体は、特撮テレビ番組『サンダーバード』に登場する宇宙ロケット「サンダーバード3号」のように、垂直状態で逆噴射しながらロケット発射場に戻ってくる。一方、人の乗った両社のカプセルはパラシュートで降下し、回収される。このようにロケットが再使用されることで、使い捨て方式に比べて経費を大幅に下げられるのだ。

宇宙旅行はいくらで行けるのか

ヴァージン・ギャラクティックは二〇二三年六月、商業宇宙飛行に成功した。同社の宇宙旅行について、日本で独占契約しているのが近畿日本ツーリストなどを擁する「ＫＮＴ－ＣＴホールディングス」のグループ企業、クラブツーリズム・スペースツアーズだ。同社によれば、一人あたりの参加金額は四五万ドル、約六五〇〇万円となる。この中には宇宙フライトと三日間の準備訓練、現地ホテル代などが含まれている。

世界ですでに約八〇〇人が支払いを済ませ、正式に申し込み済みだ。国籍は約三分の一がアメリカ、続いてイギリス、オーストラリア、カナダ、ロシア、日本などとなっている。

同社前社長の浅川恵司は「ハワイ旅行の実勢価格が海外旅行自由化直後と比べて半世紀で三〇分の一に下がったように、宇宙旅行も将来的には誰にでも手が届く価格になるでしょう」と話す。

一方、ブルーオリジンは自社のウェブページでフライトの予約を受けつけている。料金は数千万円とのことだ。

スペースXによる地球周回旅行の金額は公表されていないが、二〇二一年の宇宙旅行ですべての費用を負担したアメリカの実業家は約二億ドルを支払ったとアメリカのメディアは推測している。

「飛行機屋」からの転向

日本における有人の宇宙飛行は、複数のベンチャー企業がサブオービタルの実現を目指している。本節では東京都千代田区のスペースウォーカーを詳しく紹介しよう。同社は東京理科大学発の宇宙ベンチャーで、「サブオービタルスペースプレーン」の研究開発を行っている。有翼式という意味ではヴァージン・ギャラクティックに似ているが、スペースウォーカーのサブオービタルスペースプレーンは母機を使うことなく、地上から離陸して、高度一〇〇キロ以上の宇宙空間に到達し、再び大気

スペースウォーカー
米本浩一取締役CTO

圏に突入したのち、滑空して地上の滑走路に戻ってくる。

　研究開発を中心になって進めているのが、前節でも登場していただいた米本浩一だ。同社の共同創業者である米本はCTO＝最高技術責任者を務めると同時に、東京理科大学創域理工学部機械航空宇宙工学科教授を兼務している。まずは、米本が宇宙開発に取り組むようになったいきさつである。

　一九五三年、東京生まれの米本は大学時代、友人に誘われてハンググライダーの製作に取り組み、航空機に興味を持つようになった。ドイツ航空宇宙研究所（現・航空宇宙センター）への留学を経て大学院を卒業した米本は一九八〇年、川崎重工に入社し、希望通り航空機事業本部に配属された。いわゆる〝飛行機屋〟としてアメリカのボーイング社との次期中型旅客機YXXの研究開発に取り組んでいた米本に突然、文部省の宇宙研への出向が命じられたのは、一九八六年のことだった。

「私の夢は新しい民間航空機を作ることでした。『（ボーイング社の主力工場がある）シアトルに行ってYS11の後継機を作るんだ』って燃えていたわけです。そんなところに言われものだから、『なぜ宇宙なのですか？』と抵抗したのですが……」

　前任者との交代で、どうしても行かなくてはならなくなった。「八カ月たったら戻してやるから」

という技術部長の言葉を胸に、しぶしぶ宇宙研に出向した。そこで配属されたのが長友の研究室で、稲谷芳文や川口淳一郎が助教として在籍していた。

当時、アメリカではスペースシャトルをさらに進化させ、飛行機と宇宙船を兼ねた「新オリエントエクスプレス」計画が構想されていた。これに対して日本は科学技術庁が一九八五年に「スペースプレーン検討会」を発足させ、宇宙に行くことも可能なスペースプレーンを開発する構想を打ち出していた。

宇宙研では、これに先立つ一九八二年に「有翼飛翔体ワーキンググループ」を立ち上げ、コンピューターによるシミュレーションで研究を重ねていた。長友が提案した無人の有翼飛翔体は、ハイムスと命名された。米本は着任早々、ハイムスの滑空性能を調べる実験に駆り出されたのである。

第一回の滑空飛行実験は一九八六年、秋田県の沖合約五キロの海上で実施された。使用したモデルは長さ二メートル、重さ八五キロのガラス繊維強化プラスチック製である。機体後部に主翼を配置した外観は、アメリカのスペースシャトルによく似ている。

「時速約二百キロで飛行中のヘリコプターからワイヤでつり下げた機体を切り離した。しかし、その直後、機首が上がり宙返りしてきりもみ状態で落下、海面に激突して機体は粉々になった*1」

最初の実験は散々な結果に終わった。長友からデータの解析を命じられた米本は、機体から送られてきた空力データが当初の見込みとは異なることを発見した。これを踏まえて予備機の改造が徹夜で行われ、翌日の滑空試験を無事成功させた。それが米本の好奇心をかきたてた。

「そこから、『面白いな』と思い出したのです」

出向予定だった八カ月がたち、一年が過ぎると川崎重工の技術部長から「もう、帰っていいよ」と言われた。それでも米本は「もうちょっといます」と答え続けた。「もういい加減に帰れ！」と命令を受けるまで、二年半がたっていた。一体何が、そんなに面白かったのだろうか。

「飛行機の開発は最先端と思われるかもしれませんが、実は保守的で、あまり挑戦しないのです。安全第一なので、石橋を叩いても渡らないときがあります。これに対して宇宙は、背負う歴史がありません。どんな突飛なアイデアでも歓迎され、自由に知恵を出し合うというスタイルです。文化が全然違っていて、こっちのほうが合っているかもしれないと思うようになりました」

長友はスペースプレーンを日本で本格的に構想し、さらには太陽発電衛星や宇宙基地建設構想、太陽光を推進力としたソーラーセイルの宇宙帆船など、時代の先をゆく斬新なアイデアを次々と打ち出した。

「飛行機の文化に染まっていた私は最初、長友先生に『君は頭が固いよ』って相当、怒られました。先生が宇宙研にいるときは『俺がここにいるときは忙しいとき』と部屋の扉に貼り紙がしてあり、いないときはもちろん会えません。つまり『鉄のドアを蹴破ってくるやつには、話してやる』ということだったのです。そこで蹴破って入るしかなく、私が英語で書いたハイムスの飛行制御に関する『宇宙科学研究所報告』を見て、ようやく『やったね』と評価していただけました。それにハマっちゃって、なかなか（川崎重工に）帰らなかったのです」

スペースプレーンの歴史

スペースプレーン、つまり宇宙飛行機と聞いて、まっさきに連想するのはアメリカのスペースシャトルだろう。実はそれ以外にも、様々な研究がなされてきた歴史がある。

まずはカーマンラインの説明で登場したX－15だ。こちらは極超音速実験機という位置付けである。航空機なのだがB52爆撃機を改造した専用の空中母機から高度一〇キロで発進し、ロケットエンジンで一気に加速して上昇する。X－15の飛行で得られたデータはスペースシャトルの開発に活かされることになった。X－15は有人航空機としては最速のマッハ六・七という記録を一九六七年に打ち立て、これはいまも破られていない。映画『トップガン マーヴェリック』の主人公は試験中の極超音速機でマッハ一〇を超えたが、これは映画の話である。

ちなみにボーイング社はロケット飛行機X－20を開発していたが、アメリカは有人宇宙飛行計画を優先させたため、開発は中止された。

アメリカは一九六九年にアポロ11号で人類を月に着陸させ、一九七二年にアポロ計画が終了すると、宇宙開発の軸足を「スカイラブ」計画など、地球を取り巻く低軌道に移した。そこで一九八一年に初飛行したのが再使用型の宇宙船、スペースシャトルだ。宇宙ステーションと地球との往復を低価格で実現するのがスペースシャトルの売り物だったが、実際は使い捨てロケット以上に経費がかさんだ。一九八六年のチャレンジャー号爆発事故、二〇〇三年のコロンビア号空中分解事故で安全性にも疑問符がつき、二〇一一年を最後に運用を終了した。

「最近再び新しい宇宙飛行の時代が訪れようとしている。各国はいままでのような窮屈なカプセルのような宇宙船ではなく、どこの空港にでも帰ることのできる翼のついた宇宙船を考えるようになった。その理由は何だろうか。一つはスペースシャトルだ。スペースシャトルはどう見ても中途半端な出来栄えである。『あんなものでいけるなら、うちだって』という気持ちがどっと出てきたことは間違いない」

これは長友が一九八七年に著した『宇宙飛行機 スペースシャトルを超えて』（丸善）の中の一文だ。フランスの「エルメス」はスペースシャトルに似た三角翼を持ち、欧州宇宙機関のアリアンロケットに搭載される計画だった。これに対抗して西ドイツは有翼機の「ゼンガーII」、イギリスは有翼機「ホトル」、ソ連も同様に「ブラン」を開発していた。

日本でも有翼宇宙船の開発計画が複数、検討されてきた。JAXAの前身のひとつであるNASDAにはかつて、全長一三・五メートルで四人乗りのミニシャトル「ヤマト」というプランが存在した。長友によれば、全長一〇〇メートルのシャトル発進母機を検討する「プロジェクトZ」計画もあったという。

一方、宇宙研で研究が進められていたのが、先述したハイムスである。単段式の弾道飛行専用機で、推進剤などを満載した重量は一三・七五トン。〇・五トンの荷物を積載可能だ。本格的なスペースプレーンを開発するための実験機という位置付けである。ハイムスの特徴は、ヘリコプターが空中で停止できるように、宇宙空間でホバリングが可能なことだ。目的の空間に近づいたらロケットを逆噴射して水平方向の速度を落とすとともに、落下しないよう機体を上に向け、エンジンの推力がちょうどロケットの重さを支えて静止できる状態にするのである。ただし推進剤を使い切ることはせず、降下に入ると適当な高度でエンジン噴射を再開し、機体を横向きにして滑空しながら発射地点に帰投する。ホバリングをしない場合は、より高い高度まで上昇することも可能となる。地上からの発進システムには、空母から艦載機が飛び立つ際に使うようなカタパルト方式も検討された。

米本は、一九八八年に高度七三キロからのハイムス再突入実験にも参加した。

こうしてハイムスの計画検討や飛行実験に取り組んでいた米本だったが、すでに当初の出向予定期間を大幅に超えていた。帰任命令でやむなく川崎重工に戻った米本の心はすでに、〝宇宙屋〟となっていた。

一九八八年にはNASDAとNALのプロジェクトとして、日本版無人スペースシャトル計画とも呼ばれたHOPE（以下、ホープ）計画（一九九〇年代後半にはHOPE‐X技術試験機に規模を縮小）がスタートしていた。米本は航空宇宙機メーカー合同設計チームに加わり、約一〇年間にわたって開発に参加した。

NASDAは日本初の大型ロケットH2を開発していたが、一九九八年には五号機のエンジン破損による衛星の軌道投入失敗、九九年には気象衛星「ひまわり」の後継衛星を積んだ八号機が打ち上げ四分後に制御不能となり墜落した。主力ロケットとして期待されていたH2の相次ぐ失敗で、日本のロケット技術に対する信頼が大きく揺らいだ。そこでNASDAはH2打ち上げ計画を打ち切り、宇宙開発計画全般を見直して次期基幹ロケットH2Aの開発に資源を集中することにした。

ちなみに基幹ロケットとは「安全保障を中心とする政府のミッションを達成するため、国内に保持し輸送システムの自律性を確保する上で不可欠な輸送システム」と内閣府で定義している。その際の「自律性」とは「人工衛星等を他国に依存することなく打ち上げる能力」を意味している。いまはJAXAのH2A、イプシロンがある。

そのあおりを受けたのが、他の宇宙開発プロジェクトである。ソ連、アメリカに次ぐ世界三番目の月探査機として期待されていた「かぐや」(SELENE)プロジェクトが大幅に縮小された。そして基幹ロケットH2で打ち上げる予定だったホープのプロジェクトも事実上の中止に追い込まれたのである。すでに他国のスペースプレーン計画も、資金不足などで計画が頓挫していた。

一方、民間企業による初の有人宇宙飛行に成功したのは、マイクロソフト共同創始者のポール・アレンが資金を提供し、バート・ルータンが創業した「スケールド・コンポジッツ」のスペースシップ1で、二〇〇四年のことである。先述したヴァージン・ギャラクティックのスペースシップ2は、スペースシップ1を大型化して発展させたものなのだ。

ブルーオリジンの設立は二〇〇〇年、スペースXの設立は二〇〇二年である。歴史に「もし」はないが、ホープの計画が中止されることがなかったら、いまごろは国産の宇宙船による宇宙旅行が始まっていたかもしれない。

小型ロケットで行きたい場所へ直行

川崎重工で米本は、防衛省の次期固定翼哨戒機《しょうかいき》専任のチーフデザイナー補佐として、機体開発の取りまとめを試作機の製造が開始される二〇〇五年まで担当した。

「防衛機の開発を担当した経験は、いま取り組んでいる有翼のスペースプレーン開発にも活きています」

同年、五一歳で川崎重工を退職した米本は、福岡県北九州市の九州工業大学に宇宙工学部門の教授として招かれた。ここで米本は、かつて宇宙研で関わっていたハイムスをベースに、サブオービタルプレーンの研究開発を再開したのである。

「思い半ばで立ち消えていた宇宙輸送プロジェクトに未練があったのだと思います」

九工大では有翼ロケット実験機で本格的な誘導や制御の実証実験に取り組んだ。そして九工大在職中の二〇一七年末、スペースウォーカーを創業した。創業メンバーにはアートディレクターや公認会計士など多彩な人材が加わった。二〇一九年、米本は東京理科大学に移り、同社ＣＴＯに就任した。スペースウォーカーは、同年に東京理科大学発ベンチャーに認定され、大学としてのスペースプレーン研究の一翼も担っている。理科大は、宇宙飛行士経験者の向井千秋が副学長を務め、学内の研究組織「スペースシステム創造研究センター」では、宇宙開発と宇宙環境利用に関する基礎研究から技術実証まで、総合的な研究に取り組んでいる。

スペースウォーカーの売り物は再使用、かつクリーン燃料を使用したエコロケットだ。機体を繰り返し使用することにより、大幅なコストダウンが可能となる。

技術的な特徴のひとつはオートパイロット、つまり自動操縦だ。有人飛行では非常事態に備えてプロのパイロットも搭乗するが、自動操縦が基本である。この制御システムにより、必要とされる滑走路の距離も短くなる。さらにパイロットの育成コストを大幅に削減することも可能となる。こうした手法で、ロケット輸送の価格破壊を狙っているのだ。

地球温暖化対策として、カーボンニュートラルな液化メタンをロケット燃料に採用している。注目すべきは、燃料を貯蔵する新型タンクの開発だ。ロケットは大気圏を突破するため、大量の燃料を必要とする。必然的に燃料を貯蔵するタンクも大型になる。しかも内部はマイナス一八〇度の超低温、外部は八〇〇度の超高熱に耐えなければならない。垂直に飛ぶロケットだと、縦方向の重さに耐えるだけでいいが、有翼機で横に寝かすことを考えると、一層の強度が求められる。これまで多くは金属製だったが、米本たちは金属を使わず、炭素繊維をベースに樹脂を混ぜ込んだ、超軽量で強度が非常に高い独自のタンクを研究開発している。新開発のタンクは金属を用いるタイプより五〇％以上の軽量化を達成し、コストも三〇％削減できる。同社は水素やヘリウムガスを超高圧で貯蔵するタンク製造技術も保有し、次世代の産業用に用途が広がるものと期待している。

このように売り物となる部分は自社開発に注力する一方、かつて米本が籍を置いた川崎重工をはじめ、ＩＨＩ、東レ・カーボンマジック、それにＪＡＸＡや東京理科大学など、航空や宇宙開発で実績のある様々な企業や研究機関、大学などと協力しながら、研究開発を進めている。

今後の展開として、二〇二八年にはまず無重力実験などの科学ミッションと、機体の背中にロケットを搭載して小型衛星ミッションを行う無人のサブオービタルスペースプレーンを初飛行させる。引き続き二〇三〇年には、オートパイロットと信頼性・安全性の実績を積んだ上で、宇宙旅行用サブオービタルスペースプレーンの飛行を狙い、二〇三〇年代には商業輸送を行う計画である。

さらに二〇四〇年代に向けた構想は、大気中では空気で燃料を燃やすジェットエンジン、空気のない宇宙空間ではロケットエンジンとして作動するエンジンを使った、オービタル宇宙輸送とP2P飛行だ。P2PとはPoint-To-Pointの略で、宇宙空間を経由して世界の主要都市を結ぶのだ。例えば東京・ニューヨーク間の場合、直行の航空便でも一三時間前後かかるのに対し、計算上では四〇分で移動が可能となる。

スペースウォーカーCEO＝最高経営責任者の眞鍋顕秀は、創業メンバーのひとりだ。公認会計士の資格を持ち、自身の会計事務所では東日本大震災で壊滅した一次産業の事業再生をメインの仕事として手がけていた。宇宙は畑違いのように思えるのだが、なぜ創業に加わったのだろうか。

スペースウォーカー
眞鍋顕秀代表取締役CEO（提供：同社）

「いまや民間が宇宙開発にどんどん参入しています。しかも米本が取り組んできた方式の有翼再使用ロケットは、世界的にも多くなく、非常に勝ち筋があると感じたのです」

確かにスペースウォーカーとまったく同じスタイルは、世界的にもまだ登場していない。そうはいってもスペースXを筆頭に、宇宙輸送産業はアメリカ勢がかなり先を走っている。

「民間の宇宙産業で、日本は後発です。その中で

「長友」は有人宇宙旅行（サブオービタル）を目指すプロジェクト（提供：スペースウォーカー）

どうやって勝てるかを考えたとき、私は日本の自動車産業の生い立ちが参考になると考えています。いまでこそトヨタやホンダは世界的な企業ですが、かつてはGMやフォードといったアメリカの大企業が大きく先行していました。しかしたゆまぬ努力を続けた結果、世界を席巻する基幹産業に上り詰めました。一方で、日本の宇宙開発が技術的に劣っているかというと、そういうわけではないと思います。だとするとやり方、そして狙うマーケットが鍵です。例えば、大型の乗合バスと小型のタクシーはバッティングするわけではなく、補完関係にあります。私たちは、大型ロケットのマーケットに直接行くのではなく、彼らを補完するような小型ロケットで、行きたい場所にダイレクトに連れて行ってあげる輸送サービスをきわめて安価に提供することができれば、そのマーケットで世界のリーディングカンパニーになることは可能だと考えています」

将来的には飛行機のようなメンテナンスで、三日に一回、年間で一〇〇回の小型衛星打ち上げ体制を目指している。

宇宙開発の現状は、確かにアメリカに大きく水をあけられている。しかし、かつては長友信人のように、他に類をみないアイデアで宇宙開発を牽引した先達がいたのも確かである。長友は二〇〇七年に亡くなった。その志を、スペースウォーカーの有人宇宙旅行用サブオービタルスペースプレーンは、確実に引き継いでいる。その証しとして、機体に刻まれるその名は「長友」なのである。

＊1　一九八六年六月一五日付、日本経済新聞

1－3

いつでも好きな軌道に運ぶ

スペースワン

低軌道の衛星ビジネスに脚光

地球に一番近い宇宙の帯域が低軌道と呼ばれ、高度一〇〇キロから二〇〇〇キロまでのことを言う。国際宇宙ステーションの高度四〇〇キロも低軌道である。高度二〇〇〇キロから中軌道となり、ＧＰＳ衛星などが飛ぶ。

さらに高度を上げると、日本の気象衛星「ひまわり」などの気象衛星や放送衛星、大型通信衛星が赤道上の高度約三万六〇〇〇キロにある。地球の自転に同期して周回し、地上から見ると止まっているように見えることから、静止軌道衛星と呼ばれる。そのためには遠心力と引力とがつり合う状態となる必要があり、秒速三キロ以上という猛スピードで飛んでいる。この静止軌道から上の高度が高軌道となる。

このように軌道もいろいろある中で、最近注目を集めているのが低軌道で二〇一〇年代から始まった「衛星コンステレーション」と小型衛星の運用だ。

衛星コンステレーションとは、地球上に多数の衛星を張り巡らして、インターネット網や通信網、地球を観測するデータ観測網など、特定の機能やサービスを構築することだ。スペースXのスターリンクをはじめ、すでに欧米諸国の各社が衛星コンステレーションビジネスに参入している。

距離が近いことによる低軌道のメリットと言えば、観測衛星は解像度が良くなり、通信衛星は低遅延で大容量が実現することがあげられる。

しかも技術の進歩で、以前は大型のものしかなかったレーダー衛星を含め、衛星の小型化が急速に進んでいる。

そうなると、課題となってくるのが衛星の宇宙への運搬方法だ。これまでは大型ロケットで大型の衛星を宇宙に運ぶ際、余ったすきまに小型衛星を搭載する相乗り型が多かった。ロケット業界では「ピギーバックペイロード」と呼ばれる。最大のメリットは、単独で打ち上げるのに比べてコストがはるかに安いということだ。

当然、デメリットもある。相乗り方式だとメインの衛星が優先され、打ち上げ時期がいつになるのか、直前にならないとわからない。さらに放出される高度や位置を指定することも難しい。

このため宇宙に放出後、希望する軌道に衛星を移動させるために「スラスター」と呼ばれる推進システムを使うのだが、そのためには燃料が必要となる。人工衛星はその位置や軌道を維持するために定期的にスラスターを使う必要があるのだが、宇宙では燃料の補給がきわめて困難なため、スラスターの多用は衛星の寿命を縮めることにダイレクトにつながる。

そこで注目されているのが、小型ロケットなのである。

本州初のロケット発射場

本州の最南端、和歌山県の串本町と那智勝浦町にまたがる広大な敷地に専用の打ち上げ施設「スペースポート紀伊」を建設したのが、東京の「スペースワン」だ。国内のロケット発射場としては、JAXAのロケットを打ち上げる鹿児島県が有名で、北海道にもスペースポートがある。これに対して本州に本格的な打ち上げ施設を整備するのはスペースワンが初めてだ。

人口約一万五〇〇〇人の串本町は「ロケットの町」を大々的にPRし、観光客の呼び込みを図っている。宇宙に対する関心も高まり、スペースワンの協力も得て地元の県立高校には宇宙工学や宇宙ビジネスなどを学ぶ「宇宙探究コース」が二〇二四年度に新設されるほどだ。

では、なぜ和歌山なのだろうか。同社取締役の阿部耕三は次のように話す。

「第一に、地元から歓迎されることがすごく大事です。第二に、万が一に備えて射点から半径一キロぐらいを恒常的に無人にしたい。第三に、ロケットを打ち上げる方向です。そこに人が住んでる陸地や島しょ部がないということ。第四に、本州にある我々のメインの工場からタイムリーにロケットの部品などを陸送できること。この四条件を考えたとき、串本町は適地であると判断しました」

スペースワンのロケットは、ギリシア神話に登場する時間神にちなんで「カイロス」と命名された。全長は約一八メートルの三段式だ。

宇宙空間を飛行するカイロスのイメージ図（提供：スペースワン）

スペースワンは、二〇二〇年代中に年間二〇機の小型衛星専用ロケット打ち上げを目指している。同社の売り物は即応性だ。従来は衛星の打ち上げ契約を交わしてから打ち上げまで、二年程度かかるのが一般的だ。これを同社は一年以内の「世界最短」とすることを目指している。さらに画期的なのは、ロケット組み立てから発射まで、従来は数カ月かかっていたのを、同社は七日から一〇日程度に短縮するという。つまり依頼主がスペースワンに衛星を届けて、早ければ一週間で打ち上げられるということだ。なぜこうした対応が必要なのか。阿部は次のように説明する。

「以前は、大きな衛星を作って長く使うというスタイルでした。その需要も引き続きあるのですが、逆のトレンドが注目されています。衛星を小さく、軌道も低くした上で数多く打ち上げ、もし壊れたら次を打ち上げればいいというスタイルです。特に技術の急速な進歩で、衛星の開発サイクルが非常に短くなってきています。我々はその方向に適応したかたちで宇宙輸送サ

スペースポート紀伊から打ち上がるカイロスのイメージ図（提供：スペースワン）

ービスを提供しようとしています。柔軟で迅速、小回りが利くことが非常に大事であると考えています」

大手四社がコラボレーション

即応性は大事だが、言うは易《やす》く、行うは難《かた》しでもある。同社がそれを掲げるのは、それを可能とする技術的な裏付けがあるからだ。

二〇一八年に発足したスペースワンはキヤノン電子、清水建設、ＩＨＩエアロスペース、それに日本政策投資銀行の四社が共同で出資して立ち上げた宇宙ベンチャーだ。

キヤノン電子はキヤノングループの中核会社で、以前はカメラ用やビジネス向けの精密機器などを製造していたが、最近になって独自の技術開発力を活かした宇宙関連の分野に進出した。ＪＡＸＡの小型ロケットの電子機器開発を担当したのをはじめ、インドのロケットで小型衛星を打ち上げるなど、衛星事業も展開している。

清水建設は大手ゼネコンとして初めて宇宙開発室を設置し、宇宙ホテルや月面基地などの構想を打ち出して注目されるなど、宇宙開発に積極的な企業である。

日本政策投資銀行の前身のひとつは日本開発銀行で、新規産業を長期にわたって育成する知見を有している。

自社工場でカイロスの製造を担当するＩＨＩエアロスペースについては、次項で紹介したい。

「電子、ゼネコン、重工、金融という、得意分野の違う四社が集まりました。しっかりしたバックラウンドがあるので、長期にわたって経営の安定性も確保できます。成熟したお酒をブレンドして醸すように、イノベーションを起こしたいと思っています」

ＩＨＩエアロスペース

ＩＨＩエアロスペースは、ＪＡＸＡの基幹ロケット「イプシロン」を製造している、固体燃料ロケット開発のトップメーカーだ。液体燃料はロケットを発射台に立ててから時間をかけて注入する。これに対して固体燃料のロケットは事前に燃料を詰めておくため、短時間での発射が可能で、迅速な対応に適している。

ＩＨＩエアロスペースの歴史をたどると、日本陸軍の主力戦闘機「隼《はやぶさ》」を作った中島飛行機のエンジン部門が源流だ。戦後にプリンス自動車工業と合併し、「ロケットの父」糸川英夫と組んで、国産

JAXAのイプシロンロケット５号機打ち上げ（提供：IHIエアロスペース）

初の固体燃料ロケット開発に取り組んだ。その成果として、カッパロケットが一九六〇年に国産ロケットとして初めて、宇宙空間に到達している。

その後、プリンス自動車工業は日産自動車と合併し、その「宇宙航空事業部」が宇宙開発を担ってきた。その時代に入社したのが、のちにIHIエアロスペース社長を務める牧野隆だ。

一九五七年生まれの牧野は、少年時代にアポロ11号による人類初の月面着陸をテレビで見て、宇宙開発を志した。その思いを忘れず、大学ではスペースシャトルの勉強をした。大学院は宇宙研に進学し、長友研究室の門を叩いたのだ。

「長友先生のところに行ったら『離陸再突入機を作ろうよ』って言われて、『わかりました』と答えたのが、最初です。いまだに作れていないのですが……」

牧野は苦笑しながら、院生時代の思い出を話してくれた。

「週に二回くらい、昼食をとりながら輪になって議論していました。普通だったら文献を読んで学生が報告し、先生が解説する。でも長友先生は違っていて、『この一週間で新しい発見は何があったか、みんなでしゃべり合おう』とか……」

普段は研究室にもいない。型破りの先生だったようだ。

「ものの見方が特殊で変わっているのですが、なるほどと思えることをおっしゃっていました」

あるとき、長友は牧野にこんなことを話した。

「マキノ坊主、知ってるか？『宇宙システム』ちゅうもんはなぁ、目的地に人とかモノを運んだら、出発地点に戻れて、初めて『輸送システム』なんだぞ！　いまのロケットは『輸送システム』には、なっとらん！」

マキノ坊主というのは、院生時代の牧野に長友がつけたあだ名である。長友の言葉を胸に刻んだ牧野は、日産、そしてＩＨＩエアロスペースに移ってからも、宇宙に飛び立ったあとの帰還や回収システムの実現に取り組むことになる。

ＩＨＩエアロスペースは、ＪＡＸＡが開発し、

IHIエアロスペース　牧野隆元社長

地球に二〇一〇年に帰還した小惑星探査機「はやぶさ」の再突入カプセルを設計、製造した。カプセルは秒速一二キロの猛スピードで大気圏に突入したが、過酷な熱環境に耐える熱防御材に守られて、無事に「イトカワ」のサンプルを地球に届けることができた。二〇二〇年に帰還した「はやぶさ2」の再突入カプセルも担当し、「リュウグウ」のサンプルを持ち帰ることに成功した。こうしたサンプルは、地球や太陽系、宇宙の謎を解き明かす貴重な手がかりとして、いまも研究が続けられている。

この再突入カプセルは、牧野が長年にわたって帰還システムを開発した成果だ。その研究のきっかけは、長友のアドバイスにあったのである。牧野が長友から受け継いだのは、新しい分野に挑戦するチャレンジ精神だ。

スペースワンの立ち上げについても、深く関わったのが牧野だ。

「宇宙分野ではない人たちと一緒にロケットをやってみると、目からウロコが落ちるような、いろんな発見がありました。特にキヤノン電子の製品は、メカトロニクスの固まりで非常に参考になります」

ロケットも電子機器を多用するが、信頼性を重視するあまり、ひと昔前の性能だったり、価格が高かったりすることがある。それがキヤノン電子と協業することで、最新の知見を得られることにもなる。

「将来的にはイプシロンへの搭載も狙っています」

こうして宇宙開発の第一線で、長友の精神はいまも受け継がれている。

無念のカイロス初号機

二〇二四年三月、カイロスの初号機がスペースポート紀伊から打ち上げられた。しかし発射五秒後に爆発し、打ち上げは失敗に終わった。同社の発表によると「飛行中断措置」をとったとのことで、ロケットのシステムが何らかの異常を感知して機体を破壊したと見られている。当初は二〇二二年の打ち上げを目指していたが、これまで五度にわたって延期され、ようやくの打ち上げに地元の期待も高まっていただけに、無念の初号機となった。

二三二ページのグラフ「初号機から10号機までのロケット打ち上げ失敗率の比較」をご覧いただくとわかるように、初号機の打ち上げ失敗率は高い。その理由のひとつとして、どれだけ地上でテストを重ねても、実際の打ち上げ環境そのものを再現することは困難なことがあげられる。

スペースワンは初号機の経験を糧とし、万全の再発防止策を取った上で早期の打ち上げ再開を目指すことにしている。

1－4

国内で民間初の宇宙到達

インターステラテクノロジズ

国内民間初の快挙

北海道大樹町のインターステラテクノロジズ（以下、IST）は二〇一九年五月四日、小型観測ロケット「MOMO3号機」を同町内の発射場から打ち上げた。全長約一〇メートル、直径五〇センチで、高度一一三キロの宇宙に到達した。

日本のロケット開発はJAXAなど国の機関や大学が担ってきたが、民間企業の単独開発によるロケットの宇宙空間到達は同社が初めてのことである。メディアでも大きなニュースとなったから、ご記憶の読者も多いだろう。「モモ」という名前は、目標高度の一〇〇キロを漢数字で表した百の訓読みに由来する。

ISTの前身は二〇〇五年に結成された「なつのロケット団」で、ホリエモンこと堀江貴文やエンジニア、作家などのメンバーが手弁当でロケット開発を進めた。しかしロケット開発は試行錯誤の繰り返しだ。二〇一

MOMO7号機の発射風景（提供：IST）

三年に事業を開始したISTは二〇一七年にMOMO初号機を打ち上げたが、目標の宇宙空間には届かず、推定高度約二〇キロで通信が途絶えた。翌二〇一八年の二号機は打ち上げ直後に推力が途絶した。こうした困難を乗り越えての三号機成功だった。その後、二〇二一年七月には二機を打ち上げ、いずれも成功した。

誰もが宇宙に手が届く未来をつくる

IST社長の稲川貴大《たかひろ》は大学二年生のとき、鳥人間コンテストに参加した。稲川は機体の設計を担当し、見事に優勝している。

大学院卒業時には大手光学機器メーカーにすでに内定していたが、創業者の堀江に口説かれてISTに入社した。

「当時はまだ、ビジネスというよりはサークルのような感じで、そういうところに飛び込んでくる学生って、そんなにいなかったんですよ。そういう意味で、稀少性はあったと思います」

事業の拡大に伴って、近年は数十人規模でエンジニアを中心とした採用を続けている。

それにしても、失敗が続くと気持ちが落ち込んだりしなかっただろうか。

「まったくありません。逆にうまくいかないときのほうが、いろいろ得られるものが多くて、会社も個人も、すごく成長するんですよね。打ち上げに成功しちゃうと、学びが全然ないので、むしろ寂しいというぐらいの感じです」

IST 稲川貴大社長

単なるポジティブ思考ということではない。外野席にいる私たちは、打ち上げ成功か失敗かという、大きな節目しか見ることがない。しかし稲川たちは、ロケットエンジンの試験をはじめ、様々なテストで失敗や成功を繰り返している。ISTは「誰もが宇宙に手が届く未来をつくる」というビジョンを掲げている。個々のロケット打ち上げはその通過点でしかないというのだ。

ISTはMOMOの後継機としてZEROの開発を進めている。ZEROは低軌道に打ち上げる小型人工衛星を搭載する。人工衛星を周回軌道に乗せるためには秒速七・九キロ、時速になおすと約二万八〇〇〇キロという猛スピードが必要になってくる。これはMOMOに比べると四~五倍の速さ、

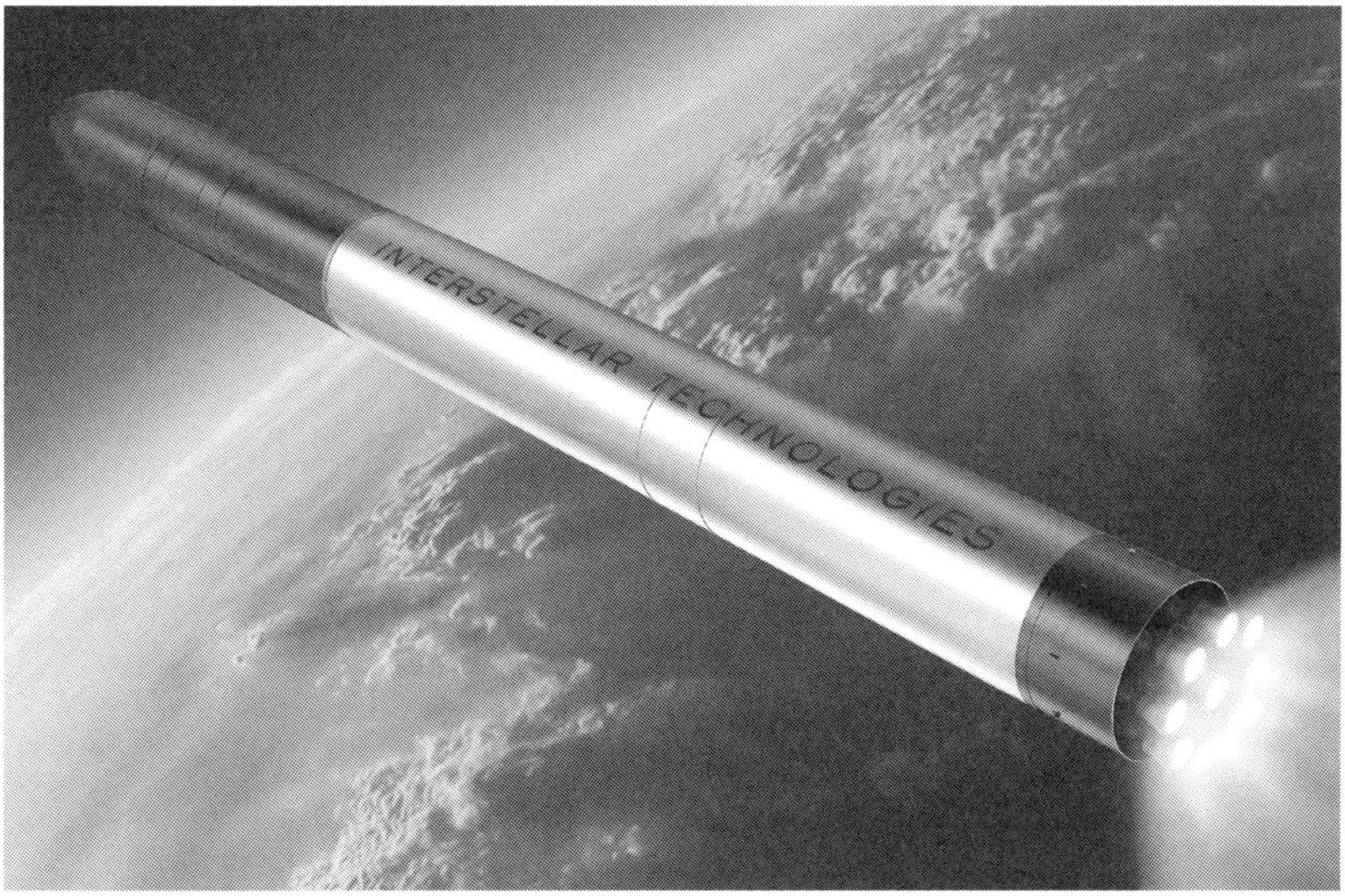

宇宙空間を飛行するZEROのイメージ図（提供：IST）

運動エネルギーに換算すると約二〇倍にもなる。

そこで必要となるのがエンジンの大出力化だ。MOMOは一段式だが、ZEROは二段式とし、さらに燃焼効率も上げる。ロケットの直径、長さともMOMOの約三倍以上となる予定だ。それでも日本の主力ロケットH2Aの五三メートルに比べれば、全長は約五分の三だ。

圧倒的な低価格ロケット

ISTの売り物は「圧倒的に低価格で、便利なロケット」だ。それを実現するためのキーワードがある。稲川によれば、第一は「枯れた技術」だ。

「ロケットエンジンの噴射機は最重要部品のひとつです。ここにアポロ時代の月着陸船の技術を採用しています。基本的な原理は公開されている技術で、ものすごく安く、簡単に作れる。通常だと数千万円という値段がするものですが、うちの場合は一〇〇分の一ぐらいの値段で作れます。ただし、性能を十分に引き出すのは難しい技術であり、ISTでは設計への工夫や試験を繰り返して高い燃焼効率を実現しています。そういう枯れた技術を採用しています」

もうひとつのキーワードは、民生品の活用だ。

「これまでのロケット開発はなんでも、ロケット用に新規開発して高価でした。しかしMOMOでもZEROでも例えば電子部品なら、自動車用や一般産業用として使われる半導体を組み合わせて作っています。従来だと部品ベースで何百万円もするものを、数万円程度に抑えることができます」

この他、部品点数の削減も重要だ。量産と使い切りで低価格化を実現する。

「トータルすれば従来の何分の一、うまくいけば一〇分の一という金額でロケットを作れます」

ISTは、地球温暖化などの環境対策についても検討を進めている。

「ロケットは自動車や航空機などの産業に比べると、全体的な数量があまりにも小さすぎて、現時点で環境に与える影響はほとんどないと思っています。しかし何も手を打たないということではありません。北海道の地場産業である牧畜で、牛に由来するメタンガスは強力な温室効果ガスとなります。ロケットはその大部分を燃料が占めており、メタンを液化してロケットの燃料とするよう、ガス会社と取り組みを始めたところです」

実現すればカーボンニュートラルになる上、酪農家にとっても頭の痛い問題だったものを、新たな資源として売り物にできる。環境面、経済面で牛のメタンを地産地消できるのだ。

地球環境に配慮したISTの取り組みは、同社のイメージアップにも役立つことだろう。

1－5

新発想のロケットベンチャー

将来宇宙輸送システム

ロケットベンチャー百花繚乱

最近になっても、新たなロケットベンチャーが次々と登場してきている。二〇二二年には「将来宇宙輸送システム」と「AstroX（以下、アストロX）」、二〇二三年には「ロケットリンクテクノロジー」が立ち上がった。

このうち福島県南相馬市のアストロXは、成層圏までロケットを気球で運び、そこから発射する「ロックーン（Rockoon）」という空中発射方式で衛星軌道投入を行うサービスの実現を目指している。技術顧問には千葉工業大学宇宙輸送工学研究室教授の和田豊が入り、二〇二二年一二月には気球からのモデルロケット空中発射実験に成功している。

ロケットリンクテクノロジーは、ＪＡＸＡが保有する知的財産や知見を活用した事業を展開するＪＡＸＡベンチャーだ。ＣＥＯ＝最高経営責任者にはＪＡＸＡ

宇宙研教授で、基幹ロケット・イプシロンの開発と打ち上げの責任者も務めた森田泰弘、CTO＝最高技術責任者にはやはり宇宙研教授で、火薬学会会長も務める堀恵一、COO＝最高執行責任者には宇宙研准教授でシステム工学が専門の三浦政司、CMO＝最高マーケティング責任者には、アストロXの技術顧問も務める和田豊という顔ぶれだ。

同社の売り物は、宇宙研での長年の研究開発を活かして、従来は一カ月程度かかっていた固体燃料の製造プロセスを三日程度と大幅に短縮し、製造装置も小型化できる固体燃料の製造技術だ。その工夫を、森田は次のように紹介している。

「現在の燃料は粒子を混ぜた樹脂に熱を加えて固めますが、一度固めるとやり直しが利きません。これでは効率が悪い。私たちは逆転の発想で、熱を加えると溶ける、それを何度でも繰り返せる固体燃料（低融点固体燃料：LTP）を開発して、まるでチョコレートのように簡単に製造しようと考えています[*1]」

それだけでなく、自社開発の固体燃料を活用した小型衛星打ち上げ用ロケットも開発する。

役所勤務経験活かした宇宙開発計画

本項では「将来宇宙輸送システム」を詳しくご紹介したい。

代表取締役の畑田康二郎は一九七九年、兵庫県で生まれた。昆虫採集と図書館とファミコンが大好きな少年だった。中学時代に偶然『ホーキング、宇宙を語る』を読んで、「車椅子の天才」が語る宇宙の神秘と、人間の可能性に驚嘆した。科学者になろうと決心し、大学院の修士課程では「エネルギー科学」を研究した。博士課程に進学するつもりだったが、記念受験のつもりで受けた国家公務員試験に合格し、こちらも面白そうだと二〇〇四年、経済産業省に入省する。

役所時代は、エネルギー政策やベンチャー振興、事業再生支援などを担当した。この間、ベンチャー企業が失敗した事例をヒアリングして「ベンチャー企業の経営危機データベース」を公開したり、「これからの日本は何で食べていくのか」をテーマにしたレポート「産業構造ビジョン２０１０」をまとめたりした。「自動車やエレクトロニクスに依存したままでいいのか。新しい産業を作ろう」という問題意識である。

やがてベルギーの欧州連合日本政府代表部に外交官として赴任し、任期を終えた帰国間際に秘書課の人から、こう言われた。

「次は宇宙だから」

「え！　日本に帰れないんですか!?」

コントのようなやりとりだったが、次のキャリアとして二〇一五年、内閣府の「宇宙開発戦略推進事務局」に出向し、民間宇宙ビジネスを担当したのが宇宙との出合いだった。

宇宙産業が世界的に大きく飛躍しようとしていた頃であり、日本政府も宇宙関連の施策を大

将来宇宙輸送システム
畑田康二郎代表取締役

急ぎで取りまとめているところだった。畑田は、民間による宇宙活動に許認可を与える「宇宙活動法」など二〇一六年に成立した「宇宙二法」や、二〇一七年に公表された「宇宙産業ビジョン2030」などの策定に奔走した。

これらは宇宙産業を、日本の主要な産業のひとつとして位置付けようとする意図を持っていた。

「それまで役所でレポートを書いたり、法律を作ったり、予算をとったりしたところでこの一〇年間、新しい産業って、結局何も生まれませんでした。IT分野にも力を入れたはずなのに、日本はIT後進国だと言われたりする。政府が制度を作ったり、音頭をとったりしても、新しい産業ができたり、振興したりするものじゃないと思っていた中で、宇宙産業はすごく可能性があると感じたのです」

宇宙開発は、無限の可能性を秘めている。

「小惑星帯の探査がもっと進むと、様々な資源にアクセスできるかもしれません。そのためには途切れさせることなく研究開発を続けていかなければなりません。百年後に宇宙開発に乗り出そうと思っても、そのための化石燃料が十分残されているかどうか、わからない。だから、いまからやり続けないといけない。将来世代の選択肢を増やすことがすごく大事だと思っています」

折しも文部科学省が開催する「革新的将来宇宙輸送システム実現に向けたロードマップ検討会」では、宇宙空間を利用した二点間高速輸送が可能な有翼形態のスペースプレーンを開発することが謳われていた。それは航空機並みに繰り返し運航ができ、高頻度大量輸送を担うと期待されている。そのためにも「数年以内に民間中心の事業体制構築を目指す」とされた。

必要なのは、新たな事業に取り組むプレーヤーだ。

「既存の企業だと、自分たちが公表している事業計画を前提に資金を集めて開発を進めていますから、国が新しい取り組みをやると言っても、そこに完全にはフィットできないのです。一方、私は何のしがらみもありませんから、国の方針に沿って、人やお金を集めて計画を作ることができるんじゃないかと考えたのです」

観光丸の理念受け継ぐ宇宙往還機

畑田は一四年間務めた経産省を退職した。コンピューターの不具合を見つけて修正する大手ＩＴ企業で民間の仕事を実際に体験したのち、「将来宇宙輸送システム」を二〇二二年に立ち上げた。そこで注目したのが、本章第一節で紹介した「観光丸」だった。

「最初は観光丸を勉強するところから始めました。そこでは一九九〇年代の技術で検討していますが、現在の技術に置き換えると、どんなことができるのか。いまだと、どれぐらいの機体のサイズで、どれぐらいのエンジンの性能があれば、観光丸と同じようなものが作れるのかという検討を進めています。つまり観光丸がぼくらの議論の出発点なのです」

いまや機体の製造に３Ｄプリンティング技術を使うこともあれば、複合材の製造技術も非常に進んでいる。より高性能で安価な機体ができれば、事業が成立する可能性は一層高まる。

畑田が現状で想定している宇宙往還機の機体サイズは約五〇〇トンから六〇〇トンで、人は五〇人、荷物は約五〇トンを乗せて運べる機体だ。観光丸とほぼ同じである。

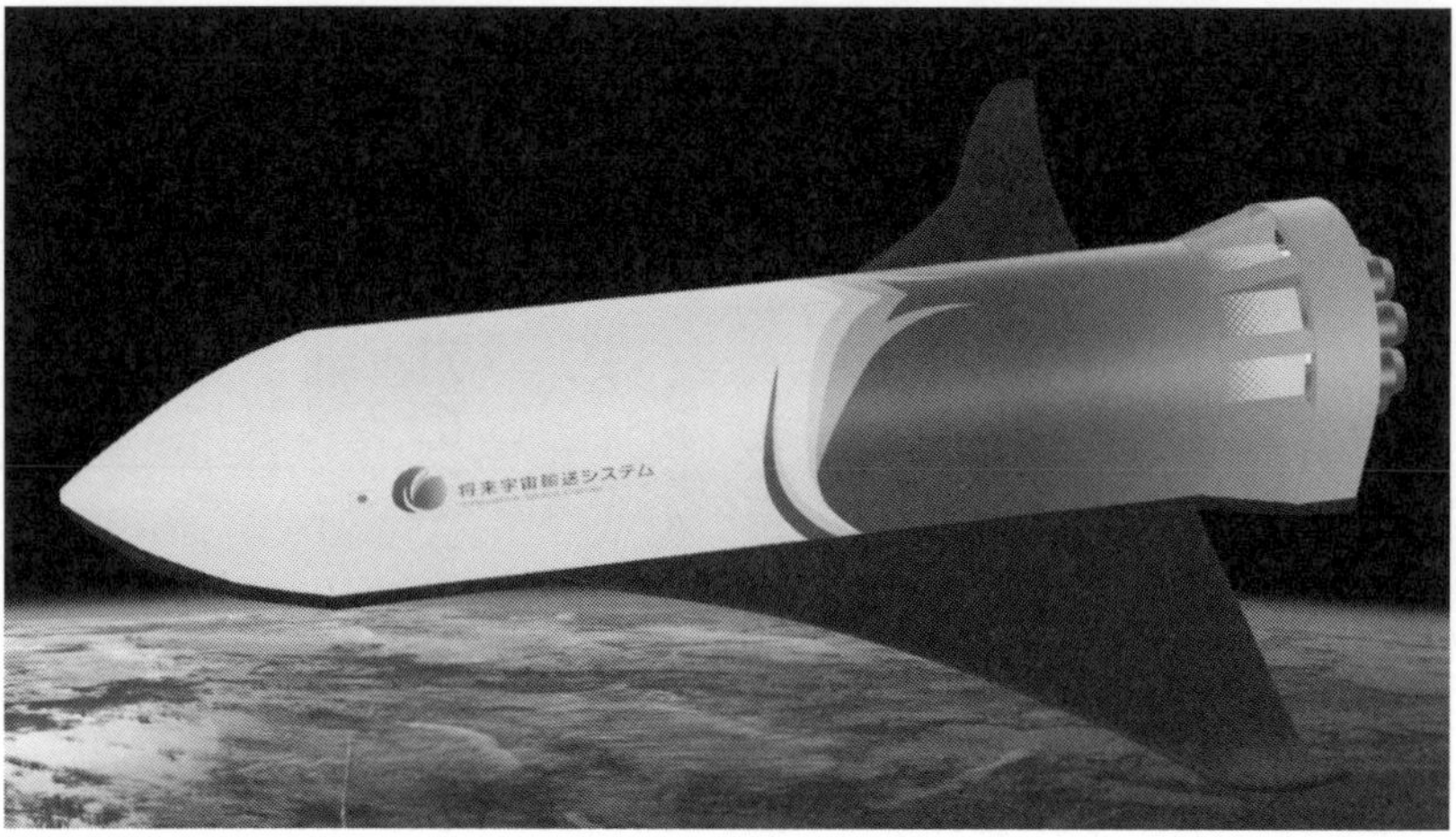

有人スペースプレーンのイメージ図（提供：将来宇宙輸送システム）

「自動車メーカーは新規開発に何百億円もつぎ込むわけですから、同じぐらいの規模で宇宙開発をすれば、もっと簡単に宇宙にアクセスできるようになり、宇宙を使った地上のサービスも広がると思うのですが、そこまで資源が投入されてないのが現状です」

独自の小型エンジン開発

「空気があるところを効率的に飛ぶのが、我々のアイデアのミソなのです」

高度約二〇キロ程度までは、酸素を含む空気がある。そこで空気を取り入れて急速に冷却し、酸化剤として利用する。こうすると、液体酸素のタンクを小さくすることができる。実はロケットの重量の九割を燃料と酸化剤が占めていて、中でもその大半は液体酸素なのである。

もうひとつの工夫は、燃料となる液体水素の削減だ。というのも液体水素は軽いのだが、密度が低いためにタンクが大きくなる。そこで打ち上げ直後はＬＮＧを燃料とし、ある程度の高度まで達した時点で水素を利用する。こうすることで、タンクを従来よりかなり小型化できる。

「これまで単段式の宇宙往還機だと一〇〇〇トン程度になるとされてきた機体重量を、半分の五〇〇から六〇〇トン程度に、計算上は抑えられるということがわかりました」

このアイデアを出したのが、ＪＡＸＡ参与の稲谷だ。

「観光丸のスタディのあと、稲谷先生がずっと考え続けてきたテーマです。こうした技術を全部使ったら、ロケットエンジンを小型化できて、そのまま帰って来られるはずだと」

稲谷は「将来宇宙輸送システム」に参加するのではなく、アドバイザーとしての立場で関わっている。

それにしてもシステムが複雑化して、予想外のトラブルが起きたりしないだろうか。

「大規模なシステムになっても複雑性が増さないよう、モジュール化してそれぞれの箇所を別々に管理するのがＩＴの世界ではいまや常識になっています。同じように宇宙開発も、エンジンの効率を向上させるために、すべてを密に結合させるのではなく、それぞれの開発要素を別々に管理可能なものにして、変更があればそれぞれアップデートするという思想が重要だと考えています」

畑田は、二〇二八年頃までには最初の実証機を飛ばしたい考えだ。将来的には有人飛行で二地点間高速輸送や、宇宙旅行などの宇宙輸送サービスの提供を目指している。

畑田は尊敬する経営者として、阪急電鉄創業者の小林一三をあげる。小林は、「乗客は電車が創造する」という言葉を遺した。つまり彼は、乗客のいるところに鉄道を作るのではなく、全く逆の発想をしたのである。

「まだ誰も住んでいない沿線に、住宅ローンで家を買ってもらう。そうすると通勤客が増える。大阪と鉄道で結ばれた宝塚に歌劇団を作り、通勤客の少ない週末の利用客を増やす。ターミナル駅にはデパートを作り、沿線の住民に買い物をしてもらう。小林さんはこうして、世界まれに見る私営鉄道というビジネスモデルを作りましたが、ぼくらも同じだと思います」

魅力的な目的地があったり、移動の楽しさがあったりするからこそ、「将来宇宙輸送システム」に乗ってみたいという気になる。

小林は投資家向けに『最も有望なる電車』という企業パンフレットを作り、阪急電鉄が作る将来像を描いて投資を呼びかけた。

「ぼくらは、まずは小型ロケットから作り始めるのですが、それだけじゃなくて、ぼくらの生活は何が変わるんだろうというところをアピールすることが、すごく大事だと思っています」

畑田はなかなかのアイデアマンである。「将来宇宙輸送システム」の描く未来図を楽しみにしたい。

*1 『ISASニュース』二〇二〇年一〇月号

1－6

宇宙エレベーター建設構想

大林組

SF小説の世界が現実に？

これまで、様々なスタイルのロケット開発を見てきた。映像的に目を引くロケットは、テレビの話題になりやすい。しかしロケット以外にも、宇宙に行く手段が検討されているのをご存じだろうか。本節では、建設業界の中でもスーパーゼネコンと呼ばれる民間企業が描く宇宙の未来像を見てみたい。紹介するのは明治時代の一八九二年に大阪で創業した大林組だ。

同社は全国の再開発事業で多くの実績をあげており、特に民間資金を利用して行政が公共事業を行うＰＦＩ（プライベート・ファイナンス・イニシアティブ）では日本のリーディングカンパニーとしての地位を確立している。二〇〇〇年に開催されたシドニーオリンピックでメインスタジアムの設計・施工を担当するなど、海外展開も積極的に進めている。

その大林組が二〇一二年に発表して注目を集めたの

宇宙エレベーターのイメージ図（提供：大林組）

が、エレベーターに乗って宇宙空間に行くという「宇宙エレベーター」建設構想だ。エレベーターというからには、人や荷物を乗せたかごの部分が上下しなければならない。ビルの中に設置される一般的なエレベーターは、一番上に据え付けられた巻き上げ機の力でかごを引き上げる。では、宇宙エレベーターとなると、宇宙まで届くビルを建設するのだろうか。二〇二三年現在、世界で最も高い建築物はドバイのブルジュ・ハリファで、高さは八二八メートル。日本では東京スカイツリーの六三四メートルが最高だ。ちなみに、スカイツリーを施工したのが大林組である。

宇宙とは一般的に地表からの高度一〇〇キロ以上を指す。いくらなんでも、高さ一〇〇キロの超高層タワーはありえないだろうと私は思ってしまうのだが、世の中には面白いことを考える人がいるものだ。私はパリに旅してエッフェル塔にのぼったとき、眼下の美しい街並みに目を奪われた。しかしのちに「ロケットの祖」「宇宙工学の父」と称されるロシアの科学者、コンスタンチン・ツィオルコフスキーは空を見上げたのである。彼は一世紀以上も前の一八九五年、宇宙エレベーターの元となるアイデアを科学雑誌で発表した。それは塔をどんどん伸ばしていけば、地球が自転する遠心力で建物が倒れることなく、やがて重力が消失する宇宙空間に到達するというものだった。

一九六〇年にはロシアの科学者ユーリ・アルツターノフが、ケーブルを伝って電車で宇宙へ行くというアイデアを打ち出した。これをアルツターノフは「天のケーブルカー」と命名した。しかも、宇宙の静止軌道からケーブルを地球に向けて下ろしていくという、ツィオルコフスキーとは方向が逆の発想だ。これが現在の宇宙エレベーター建設構想のスタートとなっている。

宇宙エレベーターは「軌道エレベーター」や「軌道塔」、「同期エレベーター」とも呼ばれる。宇宙エレベーターが広く知られるようになったのは、アーサー・C・クラークが一九七九年に発表したSF小説『楽園の泉』で、宇宙エレベーターの建設プロジェクトをテーマにしてからである。

SF界の巨匠として知られるクラークは、科学者でもある。一九四五年には通信衛星の構想を発表し、のちにそれが実現したことから通信衛星の発明者とも称されている。そのクラークは『2001年宇宙の旅』で有名なスペースオデッセイシリーズの最終章にあたる『3001年 終局への旅』(伊藤典夫訳、二〇〇一年、早川書房)で、主人公に「充分に発達した科学技術は、魔法と見分けがつかない」と語らせている。魔法のように思える宇宙エレベーターも、決して荒唐無稽な話ではないかもしれない。

「究極のタワー」作りに挑む

「最初、広報部門の編集者が話を持ってきたときには、とんでもない話みたいに感じました。『建設会社が、そんな大それたことをしていいの?』っていう感じもあったのですが、編集長が『やります』と言ったので、『じゃあ、協力します』ということになったのです」

そう語るのは、大林組技術本部の未来技術創造部担当部長の石川洋二だ。石川は東京大学宇宙航空研究所やNASAの研究センターなどを経て、大林組に入社した。自身の専門は宇宙生物学だが、大林組では宇宙開発に関する部門のリーダーである。

大林組の宇宙に関する研究開発は四〇年近い歴史を持っている。一九八七年には「宇宙開発プロジェクト部」を立ち上げ、「月面都市2050」構想を発表した。一九九〇年には火星居住計画、一九九六年にはラグランジュポイントでの宇宙都市構想を発表した。ちなみにラグランジュポイントとは、地球と月など、複数の天体の重力バランスが安定している地点のことで、『機動戦士ガンダム』などのSF作品ではスペースコロニーが建設される空間となっている。

大林組がこうした構想を発表した背景には、アメリカで一九八九年に大統領のブッシュ(父)が月と火星の有人探査構想を明らかにするなど、世界的に宇宙ブームが再燃していたこともあった。

その後の景気後退で同社の宇宙開発プロジェクト部は廃部を余儀なくされたが、再び宇宙に回帰することになったきっかけは東京スカイツリーの完成である。

大林組のこれまでの実績を見てみると、大阪万博の「太陽の塔」をはじめ「京都タワービル」、「神戸ポートタワー」、それに日本の超高層ビルのさきがけとも呼ばれ、五重塔をモチーフにした横浜の「ホテルエンパイア」など、タワーや塔のイメージを持つ建築物に強みを持っている。

大林組は東京スカイツリーの完成時期に合わせ、社長直轄のプロジェクトとして「タワー」というテーマで未来構想を描こうということになった。それも、並のタワーだと面白くない。そこで「究極のタワー」として宇宙エレベーター建設構想が選ばれたのだ。二〇一一年に社内でプロジェクトチームを作って検討を開始し、翌二〇一二年二月に大林組の広報誌『季刊大林』で発表された。

宇宙エレベーターとは

大林組が提案している宇宙エレベーター建設構想の全体像を紹介しよう。

宇宙エレベーターの全長は九万六〇〇〇キロで、月と地球との距離の四分の一に相当する。高度三万六〇〇〇キロの静止軌道上には最大規模の駅として「静止軌道ステーション」が設けられる。地上からステーションの施設を運搬する際は、三角柱の形をしたユニットに、静止軌道上で空気を入れて、体積が六倍の六角柱の形に拡張する。このユニットを六六個組み合わせ、実験施設や見学者スペース、居住スペースや倉庫など、使用する目的に応じて最適な空間を創る。同じ形の基本ユニットを組み合わせて使うため、輸送や組み立てを単純化することができ、拡張や故障時の取り替えも簡単だ。

静止軌道ステーションの全体像はケーブルに沿った、細長い形となる。最も地球に近い部分が、観光客用のスペースだ。展望室の窓からは地球や月、太陽による天体ショーを目の当たりにすることができる。内部は無重力状態で身体はふわふわと浮き、観光客は宇宙ならではの体験を楽しむことができる。

付近には大規模な太陽光発電システムが設置され、宇宙エレベーターの駆動エネルギーとなる。太陽電池パネルの大きさは五キロ×一〇キロで、発電量は五ギガワット。原子力発電所五基分に相当し、夜間や悪天候などの影響を受けることなく発電できるため、地上にも大量の電気を送電することができる。

建設工事の方法は、以下のように想定している。まず宇宙エレベーターの建設に必要な資材を複数回に分けてロケットで打ち上げ、低軌道上で建設用の宇宙船を組み立てる。宇宙船は電気推進を利用して地球を周回しながら上昇し、静止軌道に到達すると、所定の位置で地球の自転と同じ速さで回り始める。次に先端に「スラスター」と呼ばれる推進機を付けたケーブルを地球側に繰り出しながら、宇宙エレベーターの建設作業に入る。ロケット打ち上げから約八カ月でケーブルは地上に到達する。

次に、工事用の「クライマー」が補強ケーブルを貼り付けながら上昇する。人や物資を運ぶ乗り物がクライマーだ。この補強作業を約五〇〇回にわたって繰り返すことで、ケーブルは営業用クライマーの運用に耐えうる強さとなる。つまり宇宙エレベーターにビルやタワーは必要なく、むきだしのケーブルが本体となるのだ。ケーブル自体が動いてカゴを移動させるのではなく、ケーブルを伝ってクライマーが移動するというシステムを考えれば、「宇宙鉄道」や「宇宙列車」というほうがふさわしいようにも思えるが、地上から垂直に上り下りするイメージでいえばエレベーターである。

クライマーが発着する「アースポート」イメージ図。地上のサポート施設から約10キロの海上に浮かぶ。（提供：大林組）

　完成したケーブルを使ってステーションや、途中に設けられる各施設の建設資材を運搬し、全体が完成する。

　地球上の発着点は赤道上、またはその付近に作られる「アースポート」で、陸上のサポート施設と、海上の主要部とに分けて建設する。静止軌道から伸ばしたケーブルは赤道に向かって下りてくる。しかしケーブルを、特定の地点に向かってピンポイントで下ろすことは技術的に難しい。このため海上でケーブルを捕捉したのち、所定の場所まで移動する方式をとるのだ。地上よりも海上のほうが、ケーブルにかかる張力を調整しやすいというメリットもある。

　陸上のサポート施設は宇宙エレベーターの監視施設の他、世界から人びとが集まる空港やホテル、宇宙開発に関係する企業の研究所や工場が集積する都市となる。

海に設けられるアースポートの主要部には、クライマーの発着場や乗客の出発到着ロビー、管理施設の他、格納庫や修理工場などが、直径約四〇〇メートルの円形構造物に作られ、浮力で海上に浮かんでいる。総床面積は二七万平方メートルで、海面下のコンクリート浮体内には駐車場が設けられる。全体の規模を排水トンで示すと約四〇〇万トンで、世界最大級のタンカーの数倍の規模となる。

宇宙エレベーター全体の建設工期は二五年を見込んでおり、技術開発がうまく進めば、最短で二〇五〇年頃には宇宙エレベーターの供用を開始できる可能性があるとしている。

宇宙エレベーターの仕組み

地球には重力がある。では、なぜ宇宙エレベーターは地上に落ちてこないのか。それは気象衛星や放送衛星に使われ、常に地球の同じ場所を向いている静止衛星の原理と同じである。静止衛星は秒速三キロで赤道上を飛んでいて、遠心力で地球から遠ざかろうとする。同時に、地球の重力に引っ張られている。つまり遠心力と重力がちょうど釣り合った状態にあり、地球の自転と同じ速度で地球を回ることになる。それを地上から見ると、止まっているように見えるのだ。そのため静止衛星は、搭載されたスラスターからガスを一～二週間おきに噴射し、位置やスピードが適正になるよう修正を繰り返している。

では宇宙エレベーターをどのように静止させるのかというと、静止軌道上から地球側にケーブルを下ろすと同時に、反対の宇宙側にもケーブルを伸ばすことで、重力と遠心力のバランスをとるのだ。

宇宙側の最先端にはケーブルをピンと張って、全体のバランスをとるための重りが必要で、工事用の宇宙船がその役目を果たすことになる。

大林組では初期費用の建設費を約一〇兆円と見込んでいる。この金額を宇宙関係で見てみると、建設費に加え、これまでの運用にかかった国際宇宙ステーションの経費の合計と、ほぼ同額だ。日本の二〇二二年度一般会計歳出が一一〇兆円余であることを考えても、その一割だから、巨額であることには間違いない。それでも大林組によれば、宇宙エレベーターを建設する意味は十分にある。

例えばアメリカのスペースシャトルの場合、一回に搬送できる物資は二五トン、スペースXのファルコン9の貨物重量は最大で二二・八トン、静止軌道までだと八・三トン。これに対して大林組の構想する宇宙エレベーターは、一度にケーブルに張り付くクライマーが八台。一台は直径七・二メートル、長さ一八メートルの車両を六両つなげた編成で、全長は駆動部も入れて一四四メートル、重さは一〇〇トンあり、乗客三〇人と、七〇トンの物資を運ぶことができる。長期的に考えれば、輸送コストは最も安くなる。逆に言えばロケットは、非常に効率の悪い乗り物なのだ。たとえロケット輸送が劇的に安くなったとしても、大量輸送力では宇宙エレベーターにかなわない。宇宙構造物が大型化すればするほど、宇宙エレベーターに対する期待は高まることになる。

クライマーの運用速度を見てみると時速二〇〇キロで、新幹線ぐらいだ。ロケットの場合は地球の重力を脱するため、重力の数倍の加速度が身体にかかり、体力面で不安のある人は搭乗できない。しかし新幹線並みのスピードなら、高齢者も不安なく乗ることができる。時速数万キロにも達するロケットに比べてスピードが圧倒的に遅いということは、消費するエネルギーもはるかに少なく、ローコ

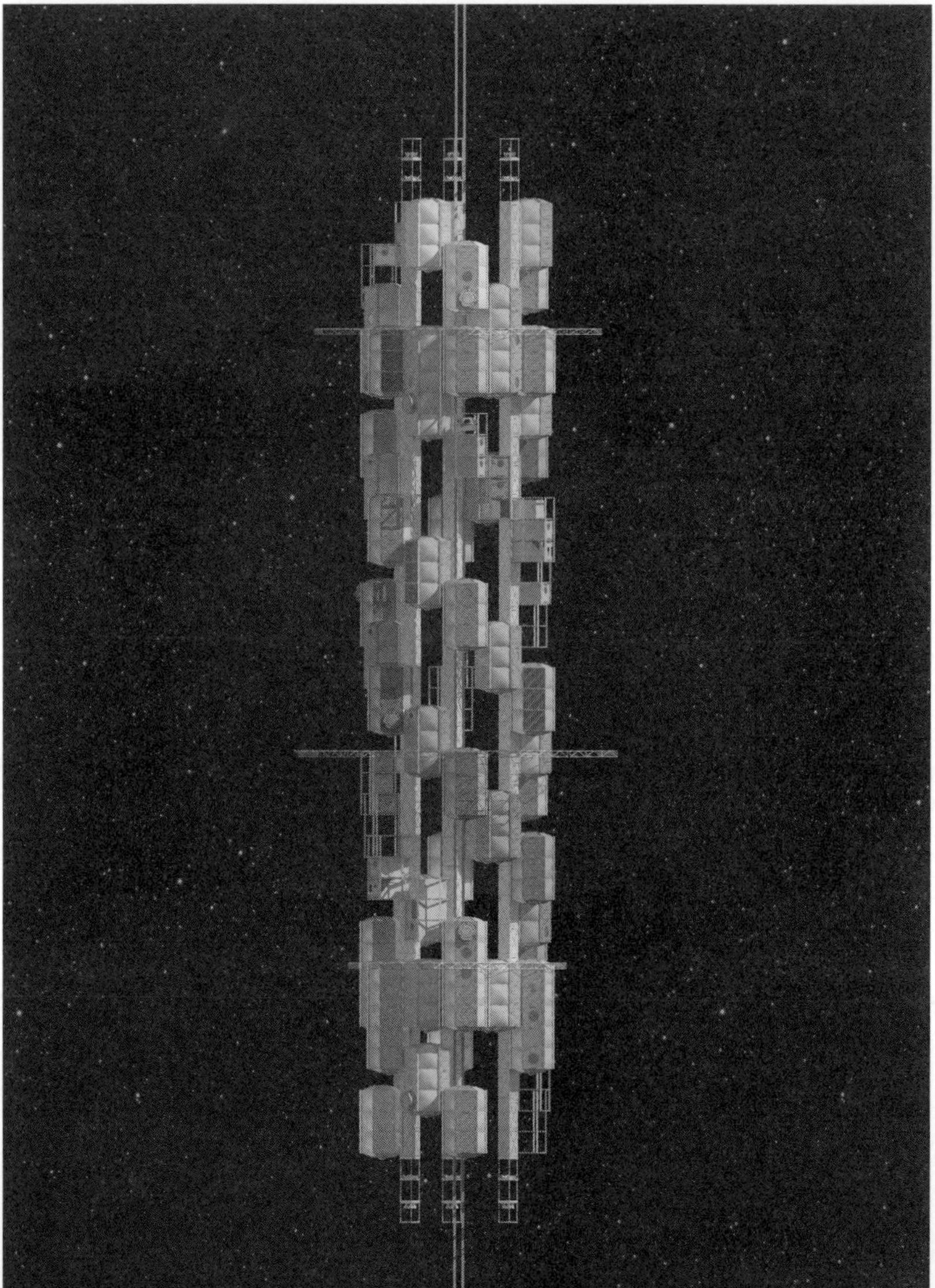

静止軌道ステーションのレイアウト図（提供：大林組）

ストで扱いやすいということを意味する。

宇宙エレベーターなら人工衛星や宇宙船の宇宙への投入も、わずかなエネルギーを加えるだけで簡単に行える。最先端部は、木星や小惑星などに宇宙船を送り出すための「太陽系資源採掘ゲート」となる。「静止軌道ステーション」からは静止衛星を、高度五万七〇〇〇キロの「火星連絡ゲート」からは、火星へ向けた宇宙船を放出する。途中で月と同じ重力（地球の六分の一）になる高度八九〇〇キロには「月重力センター」、火星と同じ重力（地球の三分の一）になる高度三九〇〇キロには「火星重力センター」が設けられ、それぞれの重力環境を利用した実験や研究を行う。低軌道衛星投入ゲートでは、地球から運んだ人工衛星を、高度三〇〇キロ前後の低軌道に投入する。大量の燃料を使うロケットに比べ、環境汚染の心配も少ない。

宇宙大航海時代を迎えて、宇宙に大規模なインフラを建設するには、「点」で移動するロケットよりも、「線」で結ばれた宇宙エレベーターのほうがふさわしい。

カーボンナノチューブの発見

それにしてもなぜ大林組はアルツターノフの構想発表から半世紀もたって、宇宙エレベーターに取り組むことにしたのか。逆に言えば、なぜ半世紀も構想が具体化しなかったのか。それは、数万キロという長さに耐えうるケーブルがこれまで存在しなかったからだ。既存の材料で数万キロのケーブルを吊り下げようとすると、自重で切れてしまう。理論的に宇宙エレベーターは可能であっても、軽量で、しかも強度のあるケーブルを作る目処《めど》がまったくたたなかったのである。

その状況を大きく変えたのが、当時はNEC基礎研究所の主席研究員だった飯島澄男が一九九一年に発見した「カーボンナノチューブ」だ。炭素一〇〇％でできたカーボンナノチューブは、一メートルの一〇億分の一というナノサイズでありながら、構造は中空で軽量、しかも鋼鉄の二〇倍以上、引っぱりに耐えられる強度があり、熱にも強い。夢の新素材としてノーベル賞級の成果と評価されている。これなら九万六〇〇〇キロという長さでも、幅は最大で四・八センチ、厚さはわずかに一・三八ミリという大林組の構想するケーブルが実現するかもしれない。

大林組は二〇一五年から国際宇宙ステーションの船外プラットフォームを利用し、静岡大学などと共同してカーボンナノチューブの耐久性実験を開始した。その結果、原子状態の酸素により損傷することがわかったが、放射線の影響は認められなかった。原子状態の酸素が存在する高度ではカーボンナノチューブの表面を何らかの物質で保護する対策をとることにし、ケイ素や金属などを候補に研究を進めている。

「カーボンナノチューブの実用化が一番大きな課題ですが、それ以外にも様々な技術が必要です。ケーブルの揺らぎをどう抑えるか、クライマーの駆動方式をどうするかなど、多くの課題に関して、社外の研究者と一緒に研究を進めているという状況です」

この他にも、落雷や宇宙デブリなどへの対策をはじめ、運用面では関係する国内法や国際法の整備、さらにはどこが建設主体となるのかなど、課題は山積している。

渕田安浩は、石川とともに未来技術創造部の担当部長を務めている。大学は建築学科の卒業で、建

大林組 未来技術創造部 石川洋二担当部長（左）と渕田安浩担当部長

築用の新素材を調べるうち、宇宙エレベーターのプロジェクトに加わることになった。
「通常の建築の場合、工期が決まっていて、そこに合わせて、できることしかやれません。これに対して宇宙エレベーターの場合、構想の最終形は決まってますが、工法や材料は決まっているわけではありません。そこに向けた検討が、ありすぎるほどあります。それをいろいろ工夫し、改善する方法を考えていくのは、とても面白い仕事だと思います」
アメリカ大統領のケネディが、一〇年以内に人間を月に送ると宣言し、誰もが夢物語と思ったにもかかわらず、その八年後にはアポロ11号船長のアームストロングが月面に第一歩を記した。このエピソードを踏まえ、一見すると実現不可能なように思えるが、しかしきわめて独創的な計画で、専門家の英知を結集すれば成功する可能性があり、しかも実現すれば社会にもたらすインパクトがきわめて大きなプロジェクトを、ムーンショットと呼ぶようになった。宇宙エレベーター建設構想は、まさにムーンショットと呼ぶにふさわしいチャレンジだ。こうしたプロジェクトを考える上で大事なのは、技術レベルを踏まえて何ができるのかを検討するのではなく、何をしたいのかという目標やニーズを明確に定めた上で、技術開発を進めることなのだ。

二〇五〇年宇宙エレベーターの旅

「八日目にとうとう静止軌道ステーションに到着。

クライマーはさらに上昇を続けるが、私たち一般旅行者はここで下車して、静止軌道ステーションに乗り移った。

ここでの楽しみは無重力だ。そのなかでの動きだ。いろいろな変わったスポーツが楽しめる。スポーツ好きのパートナーは、三次元サッカーや連続宙返りをして大喜びだ。（中略）ここから眺める宇宙は絶景だ。『七等星も八等星も見える』と星の好きなエリカが目を凝らしている。地球から眺めるよりも鮮明で賑やかな宝石の絨毯が拡がり、乳白色に輝く天の川に泳ぎ出してゆきたくなる。こんなにたくさんの星は、空気に覆われた地球上では見ることはできなかった」

石川が『季刊大林』に寄稿した、架空の宇宙旅行体験記だ。全体では約一カ月の旅程で、往復に二週間、静止軌道ステーションに二週間の滞在というスケジュールを想定している。

アーサー・C・クラークは前掲の『３００１年 終局への旅』で、宇宙エレベーターの未来像を描

静止軌道ステーションのユニット内部イメージ図（提供：大林組）

いている。そこではアフリカ、アジア、アメリカ、それに太平洋圏の赤道上に四本のタワーが立ち、静止軌道上でそれらが結ばれて、巨大なオービタルリングを形成している。そこではもはや、人工衛星は不要だ。リングは巨大コロニー「スター・シティ」となり、多くの人びとが生活している。同書の最後に記した「典拠と謝辞」の中で、クラークは、次のように書いている。

「わたしは疑っていない。もし人類がそのような投資をする覚悟があるなら（一部にある経済成長予測に従うなら、ちょろいものだ）、〃スター・シティ〃は建設可能である。新しい生活様式を提供し、火星や月など低重力の世界からの訪問客に、母なる惑星を近づきやすくする他に、これは地球の表面からロケット・エンジンを一掃し、それが本来あるべき深宇宙へと追いやることになるだろう」

宇宙エレベーターは、理論的には他の惑星でも建設が可能だ。大気の影響がほとんどないため、SF作品では様々なアイデアが登場している。一方で月や火星は低重力のため、ケーブルの総延長が地球よりも遥かに長くなる。火星の場合だと、衛星フォボスに衝突する恐れもある。月の場合は、地球とつながることになるかもしれない。

海外の研究や開発状況を見てみると、「国際宇宙航行アカデミー」に宇宙エレベーターを研究するグループがかつてあり、石川も個人の資格で参加していた。アメリカでは「国際宇宙エレベーターコンソーシアム」という研究組織がある。アメリカのベンチャー企業「リフトポート」が宇宙エレベーターの研究開発を続けている。

ロケット開発ではスペースXをはじめ欧米のメーカーに後れをとっている中で、宇宙エレベーターのような斬新な取り組みで日本がリーダーシップを発揮するのは大切なことだと思う。

旧約聖書の創世記に出てくる「バベルの塔」は、人びとが天にも届く塔を建てようとして神の怒りを買い、神はそれまでひとつだった人びとの言葉をいくつもの言語に分けて混乱させ、人びとの力を奪ったという逸話だった。考えてみれば宇宙エレベーターは、未来のバベルの塔のようなものである。聖書のバベルの塔とは逆に、すでに分断されてしまった私たちの世界を再び結集するシンボルにできないかと期待するのは、私だけではないだろう。くれぐれも芥川龍之介の『蜘蛛の糸』のように、特定の国や組織だけが利益を得ようとして失敗するようなことにはならないよう、願いたい。

第2章

宇宙の目

リモートセンシング

2－0

イントロダクション

人工衛星が宇宙ビジネスの中心

前章では、宇宙へのアクセス手段を紹介した。ではロケットを使って、宇宙に何を持っていくのか。そう考えたとき、まっさきに思い浮かぶのが人工衛星だ。宇宙ビジネスと言うとき、地上で対応する施設を含めて金額的にその大半を占めるのが、人工衛星に関連したビジネスなのだ。

では、どのような人工衛星があるのだろうか。目的や用途別に見てみると、大きく三つに分類できる。

第一は、情報を伝える「通信・放送衛星」だ。私たちがテレビで見るBS放送やCS放送は、衛星が出す電波を受信している。国際電話や国際テレビ中継にはインテルサットなどの通信衛星が使われてきた。近年、注目されているのが、アメリカ、スペースXのスターリンクだ。多数の衛星を張り巡らせることで、インターネットの利用可能エリアはほぼ全世界に及ぶ。特筆すべきは砂漠やジャングルの奥地、離島など、これまでインターネット環境がなかったエリアでも、ネットにつながるようになったということだ。ただし実際に利用できるようにするためにはそれぞれの国の許可が必要で、使える国と使えない国がある。

第二は位置を測る「測位衛星」だ。アメリカの運用するGPS衛星が最も有名で、カーナビゲーションや、スマートフォンの地図アプリなどに利用され、私たちの生活になくてはならないものとなっている。ただしアメリカが自国優先で運用しているので、その機能を補うため、日本はGPSと一体運用可能な日本版GPS衛星とも呼ばれる「準天頂衛星システム（QZSS）」も運用している。

第三は地球を観察する「観測衛星」だ。私たちにとって最も身近な観測衛星は、気象衛星「ひまわり」だろう。ひまわりの登場で、天気予報の精度は大幅にアップした。このように地球を観測する様々な測定器を載せて地球を調べることを、衛星リモートセンシングという。その最大の用途は軍事目的で、他国の軍備や人の動きなどを宇宙から偵察する。アメリカでは軍事機密の部分が多かったが、米ソ冷戦の終結で機密解除が進んだこともあり、観測衛星の民間活用が盛んになってきている。

衛星リモートセンシングでは、光学センサーを使う光学衛星の他、レーダーを使う衛星の分野で日本のベンチャーが活躍している。

本書では具体的な紹介はしていないが、次世代技術で光学センサーの進化系として

「ハイパースペクトルセンサー」が注目されている。通常の光学センサーよりさらに広い領域を高い精度で観測できるようになることで、地表の物体を識別する能力がきわめて高くなる。その用途としては、資源開発の強力なツールとして、例えば石油資源に関する遠隔探知能力の大幅な向上が期待されている。その他にも、土壌汚染や水質汚濁など周辺環境への影響評価にも役立ちそうだ。例えば海に捨てられて非常に細かくなったマイクロプラスチックも、光学センサーでは識別は難しいが、ハイパースペクトルセンサーなら検出が可能だ。

衛星を大きさ別に分けるのも重要なポイントだ。二〇〇九年制定の日本の「宇宙基本計画」などでは、一トン以上の衛星を大型衛星、一トンから一〇〇キロ程度までの衛星を小型衛星、一〇〇キロ以下の衛星を超小型衛星と分類している。

このうち大型衛星は一機につき最大で数百億円という莫大なコストと、五年から一〇年にもわたる開発期間をかけて作られる。例えばＪＡＸＡの地球観測衛星「だいち」が四トン、月周回衛星「かぐや」が三トンもある。

小型衛星の開発費は数十億円と言われる。一トンから五〇〇キロの区分を中型衛星と呼ぶ場合もある。

それより小さい衛星が超小型衛星と呼ばれ、大学やベンチャー企業が開発に取り組んでいる。超小型衛星のメリットは、大型衛星に比べて圧倒的に安い点で、最も安いものだと数十万円で製作できる。しかも開発期間が短いのが特徴だ。規格化も進み、一辺が一〇センチのサイコロ型で手のひらサイズの衛星は「キューブサット」と呼ばれる。そのサイズが「1U」だ。1Uの三倍の大きさになると3U、六倍になると6Uとなる。

従来は大型の人工衛星を地球から遠く離れた高軌道に配置し、地球の広い面積をカバーしていた。これに対して、最近のキーワードが「コンステレーション」だ。その意味は「星座」で、たくさんの小型衛星を低軌道に配置し、ネットワークでカバーしようという考え方だ。このほうが地球に近いため、電波の遅延が少なく、高精細でリアルタイムの観測ができるようになる。それに大型衛星は一機が故障すると、それだけでシステム全体がダウンしてしまうが、小型衛星のコンステレーションだと、一機が故障してもシステム全体への影響は小さく、代替機をすぐに配置すればよい。さらにITの世界は進化が早いため、更新ペースの早い小型衛星は、性能のアップデートも容易である。

このように様々な衛星がある中で、近年になって特に注目を集めている小型や超小型の観測衛星にスポットライトを当ててみよう。

2－1

小型光学衛星

アクセルスペース

中分解能光学衛星とは

東京の「アクセルスペース」は、小型の人工衛星を設計、製造し、加えて自社で運用、データの提供まで行う宇宙ベンチャーだ。メインで扱っているのは光学衛星で、その仕組みはデジタルカメラに似ている。同社の衛星は、低軌道と呼ばれる約六〇〇キロの上空から地上の様子を撮影する。

私たちの社会で光学衛星が利用できるようになる前は、航空機による空中写真がその役割を担ってきた。しかし米ソ冷戦の終結に伴って、光学衛星の技術が民間に転用されるようになった。この結果、光学衛星による画像が、空中写真と同程度の解像度を得られるようになってきたのだ。そうなると、飛行機をその都度飛ばさなくても観測できる衛星のほうが、効率の面でも、費用の面でも使いやすいということになってくる。

衛星が、どの程度の大きさまで識別できるかを示す性能を「地上分解能」といい、例えば五メートルの分解能だと五メートル以上の間隔があるものを区別できる。

アクセルスペースの衛星は最大で約二・五メートルの分解能を持っており、「中分解能」と呼ばれる。それ以上の一メートルを切る性能になると「高分解能」となる。

分解能が上がると、詳細に見ることができるようになるが、逆に観測できるエリアが狭くなる。つまり観測できる広さと分解能はトレードオフの関係にある。

高分解能は主に安全保障の分野で使われ、特定の施設などを詳細に分析するのには適しているが、地域全体を見ることはできない。一方、中分解能は、広大な穀倉地帯で穀物の生育状況を確認するといった用途に適する。例えば以前だったら、小型飛行機で農場全体に散布していた農薬を、衛星画像を参考にしながら害虫の発生している場所だけに散布できるようになり、費用も手間も大幅に削減できる。あるいはジャングルや山間部で森林の不法伐採が行われていないかどうかなどを衛星画像でチェックし、問題がありそうな場所に担当者を派遣したり、ドローンを使って確認できたりするようになる。

民間で中分解能の光学衛星を運用している企業は、日本では他にキヤノン電子、海外ではアメリカのプラネットなどがある。中でも二〇〇八年創業のアクセルスペースはスタートが一番早く、小型衛星ビジネスに対する社会の理解がほとんどない時代から、この分野を開拓してきたトップランナーだ。

アクセルスペース　中村友哉CEO

宇宙の道へ導いた「キューブサット」

アクセルスペース創業者の中村友哉《ゆうや》は一九七九年、大阪府で生まれ、三重県の高校を卒業した。中学では陸上競技、高校では合唱部の活動に熱中した。

「もともと宇宙にはまったく興味がなくて、大学では好きな有機化学の勉強をやりたいと思っていました」

しかし実際に入学してみると、高校の授業のような面白さが感じられなかった。

「だったらゼロベースで自分が本当に面白いと思えることをやろうと決めて、いろんな学科の先生の話を聞いたんです」

そこで出会ったのが、東京大学大学院工学系研究科教授の中須賀真一だった。中須賀研究室では、実際に宇宙に行く超小型人工衛星「キューブサット」の開発が始まっていた。

「人工衛星の開発に学生が関われるということに、新鮮な驚きがありました。人工衛星を作っている大学生なんて、他にはいないだろうと思って、すごく興味を持ちました」

とはいえ、それほどモノ作りの経験があったわけではなかったため、不安もあった。そこで研究室を訪れてみると、学生たちが目をキラキラ輝かせながら開発に取り組んでいる姿が目に飛び込んできた。

「このチームの一員として衛星開発に関わりたい！　と思ったのがきっかけです。その瞬間、航空宇宙工学科への進学を決意しました」

こうして中村は、人工衛星開発の道を歩み始めることになる。

その前に、彼を宇宙の道へと導いた中須賀と、キューブサットについて紹介しておきたい。

人類の月面着陸に心奪われた少年時代

一九六一年、大阪府生まれの中須賀は、小学三年生のとき、テレビ中継で見たアポロ11号の月面着陸に心を奪われた。

「無線通信をするとき、NASAの音って、最後に『ピーっ』て鳴るんです。『イーグル・ハズ・ランデッド・ピー』って。あの音が強烈に残っているんですよ。それが宇宙との出合いです」

宇宙船が地球に帰還する難しさについて、銀行員をしていた父親が子どもにもわかるように説明して

東京大学大学院工学系研究科
中須賀真一教授

くれた。大気圏に突入する角度を少しでも間違えると、大気に弾き飛ばされたり、大気中で燃え尽きたりして、地上に戻ってこられない。

「宇宙っていうのは、すごくワクワクドキドキ、鳥肌ものの世界であるのと同時に、怖い世界でもある。そういうイメージを非常に強く持ちました」

一九七〇年の大阪万博では、四時間並んで見た月の石に感動した。「宇宙に関わっていきたい」と願った中須賀は、迷うことなく東京大学工学部の航空学科（いまの航空宇宙工学科）に進んだ。大学院も学部時代に学んだ研究室に進み、人工衛星が自律的に位置を制御するための「スターセンサー」開発に没頭した。

第一章で紹介した長友との接点はあったかどうか、聞いてみた。

「長友先生の授業はレポートを書くのが大変そうだったので、『すみません。単位はいりませんから未受験にしてください』と先生に電話したのを覚えています」

中須賀はロケット系より、衛星系のほうに関心があったようだ。そんな中須賀だったが、大学院を修了すると、日本ＩＢＭに就職することになる。

「大学院に入ったとき、実は人工知能が日本にやってきたんです。コンピューターを使って、機械が賢くなるっていう世界がむちゃくちゃ面白くて、それにのめり込んだんですよ。博士論文は、宇宙開発に人工知能を応用するという研究でした」

ところが、当時のＮＡＳＤＡの人にその話をすると、中須賀の想いはもろくも打ち砕かれた。

「そんな危ないものは使えない。二〇年先になっても載せられない」

確かに最初は、コンピューターがどんな動きをするか、わからない。それを学習させることによって、コンピューターが試行錯誤をする中で賢くなる。中須賀はそれが面白かったのだ。ところが、実際に宇宙を相手にしている人たちには、それがまったく理解されなかった。それどころか、危険だとして否定された。自由な発想を重んじた長友とはまったく逆の考え方だ。

「とにかく非常に保守的だったんですよね。それで『宇宙って面白くねえな』と思ったわけ。だから人工知能の知識を最大限活かせるＩＢＭに行ったんです。いろんなラインの自動設計をプログラムしたり、めちゃくちゃ楽しかった」

中須賀は、日本の宇宙業界に存在する旧弊を問題視する。

「いろんなものに挑戦するけど、失敗が嫌だから、絶対失敗しないように作る。そうすると、新しい技術を入れないほうがいいわけです。昔の技術をずっと使って、確実に動くシステムを作ることに集中する。そうすると技術の進歩が遅いわけです。いま、大きな衛星の技術は、アメリカや世界から、一周半ぐらい遅れてますよね、残念ながら。これは新しい技術を取り込むスピードが遅いからですよ」

いったん、アカデミアの世界を離れた中須賀だったが、大学が放っておかなかった。「君は大学に戻ることになったから」と指導教官に告げられ、二年足らずで大学に戻ることになった。

缶ジュースサイズの人工衛星「カンサット」

一九九〇年に大学に戻り、講師、助教授と順調にポストを歩んでいた中須賀に転機が訪れたのは、一九九三年のことだった。実はその頃、アメリカやヨーロッパの大学で、自分たちで衛星を作ろうという動きが出てきた。しかし日本には、まったく波及してこない。確かに日本の大学は、衛星作りの知識もなければ技術もない。ましてや予算などあるはずもない。

「衛星なんて、NASDAが作るものみたいなイメージがあったわけです」

そこで中須賀が運営メンバーのひとりとなり、日本機械学会や日本航空宇宙学会、電子情報通信学会が主催するかたちで「衛星設計コンテスト」を始めたのだ。これなら費用もあまりかからない。

参加した大学や高等専門学校はそれぞれチームを作り、重さ約五〇キロの超小型衛星を作る設計技術を競い合った。その中で学生たちは、衛星開発の腕を磨いていった。とはいっても、あくまで設計だけにとどまっていた。

「ハードウェアの製作までいかないので、フラストレーションが溜まっていました」

そんなとき、願ってもないチャンスが訪れた。日米で宇宙利用に関して産官学のメンバーが意見を交換する「日米科学・技術・宇宙応用プログラム（JUSTSAP）会議」が毎年、ハワイで開かれている。その一九九六年に開かれた「小型衛星ワーキンググループ」の会合で、アメリカ側から「衛星設計コンテストではよい成果が上がっていると聞く」「どうして日米共同の大学衛星プロジェクトができないのか」という意見が出された。これを受けて翌年の会議で日米学生共同プロジェクトの実施が決まり、一九九八年一一月、日本側五校から学生二三人と中須賀ら教員五人の合わせて二八人、アメリカ側五校からは学生一二人と教員七人の合わせて一九人が参加して、ハワイで第一回の会議が開かれた。このとき、スタンフォード大学教授のボブ・トゥイッグスが、参加者にある提案をした。

「ここに清涼飲料水の缶がある。これと同じ寸法、重量で衛星を作り、一年以内に打ち上げてみよう」

そこから生まれたプロジェクトが「カンサット」だ。

「最初から複雑な衛星に挑戦することはない。ビーコンだけでよい」

電波を送って衛星の位置を地上に知らせるための装置がビーコンである。

「次の年に作る衛星では温度などを測定する。その次の年にはさらに高度なものへ……」

衛星設計コンテストなどで練りに練られた日本の各大学からの提案は独創性が高く、アメリカの大学には新鮮に映ったと、九州大学の八坂哲雄が報告している。[*1]

完成した缶ジュースサイズの人工衛星は、アマチュアのロケットグループによりアメリカの砂漠で打ち上げられた。高度は四キロ程度までしか届かないが、カンサットの大会はいまも、毎年続いている。

翌九九年にスタートしたプロジェクトが、やはりトゥイッグスのアイデアによる「キューブサット」だ。一辺が一〇センチの立方体、重さは一キロ以内の衛星で、本当に宇宙を目指そうというものだ。超小型衛星を標準化すれば、ロケットに載せる際のインターフェイスが一種類で済むことになる。

中村CEOも参加し、中須賀研究室で開発した「キューブサット」。2003年に打ち上げられた世界初の1キロ衛星で、現在も運用中（提供：中須賀教授）

キューブサットもあくまで教育プログラムの一環であり、教授陣は衛星作りの裏方を担うことになった。

「ぼくは試験設備やクリーンルーム、地上局といった道具立てを整えるわけです。設計や製作は全部、学生に任せました」

こうした中須賀たちの取り組みを知って、外部からサポートしてくれる人たちがいた一方、揶揄する人たちもいた。

「大きな衛星から見たら、部品の一個分もないわけです。しかも学生が作る。動くわけがないと、冷ややかに見られましたね」

しかし学生たちの熱意と飲み込みの早さは、中須賀が予想した以上だった。その中に、中村友哉もいたのである。そのときの思いを、中村は次のように語る。

「ゼロから作り出したという感覚です。

自動車にたとえると、大型バスを小さくしたら、軽自動車になるわけではないのと同じように、我々はそれまで存在していなかった軽自動車という新しいクルマを作り出したのです」

大型衛星が大きいのには、それなりの理由がある。太陽電池とバッテリーも大型のものを搭載できるため、電力を気にせず電子機器を動かすことができる。カメラなど観測機器も大型化できるため、能力の高いものを搭載できる。地上と通信できるデータ量も大きい。デメリットは衛星軌道に乗せるための輸送費も含め、きわめて高価になることだ。

これに対して超小型衛星は、以前の小型衛星に匹敵する程度の能力を持つようになってきている。その技術的な背景としては、パソコンやスマートフォンなど電子機器の小型軽量化が進んだことがあげられる。そこで使われる半導体チップや抵抗器など電子機器の部品が小型薄型化、高機能化し、容量の拡大が進む一方で、価格が低下したのだ。

超小型衛星の寿命は、短いものだと数カ月しかもたないものもある。しかし「農作物を収穫する季節だけ利用したい」など、目的がはっきりしていれば、むしろ大型衛星よりも小型衛星が適するケースは多い。また、きわめて厳格な品質保証基準のもとで長い期間をかけて開発・運用される大型衛星に対して、小型衛星では最新の部品を次々と利用でき、その分、性能がアップしたり、価格が安くなったりするというメリットもある。学生たちは自転車に乗って大学から秋葉原に出かけ、電子部品を買い出ししてくるのである。

毎年開催されるカンサットの大会では、中須賀の発案で「カムバックコンペティション」が始まった。大会会場の砂漠でカンサットがロケットから放出されたあと、自動操縦のパラグライダーなどを使って、目標地点にどれだけ近付けるかを競う。

「目標から四五メートルの地点まで帰ってきた優勝チームのチームリーダーが中村友哉でした。とにかく、すごくできるやつだった。チームをまとめるリーダーシップと技術力がすばらしかったですね」

二〇〇三年六月には、東京大学と東京工業大学のそれぞれのチームのキューブサットが世界で初めて宇宙に打ち上げられ、軌道上で動作することに成功した。

「衛星は総合工学なんです。機械も必要、電気も必要、熱とか、制御とか、通信とか、あらゆる工学の要素が必要で、それらを全部組み合わせてシステム全体として動くようにしないといけない。それは、大学の授業では教えてもらえません」

そう語る中村は、衛星プロジェクトを自分たちで作り上げることで、教科書では学べないプロジェクトマネジメントを体得していった。これこそ、中須賀の狙った成果だった。中村は学生時代に三つの衛星プロジェクトに関わり、プロジェクトリーダーも担った。

こうして経験を積んだ中村は、小型衛星作りを自分の生涯の仕事にしたいと思うようになった。

「自分たちが三機作る中でも大きな技術の進歩があったので、あと数年続けて、さらに何機か開発すれば、実用的なところに手が届くと確信したからです」

しかしメーカーに就職しても、小型や超小型の衛星は作らせてもらえないだろうと思った。既存の衛星メーカーにしてみれば、小型衛星を新たに開発して数億円で売るよりも、政府系の機関や大手通信会社、放送会社から数百億円の大型衛星を受注するほうが、確実に利益が上がるからだ。一方で、大学の研究室に残っても、研究がメインとなって小型衛星開発を本業とするのは難しい。「自分たちが開発してきた小型衛星を、世の中の役に立つツールにしたいという思いがありました。衛星を社会インフラにしたい。我々が普段から使うサービスの、バリューチェーンに組み込まれていくような世界を目指したい。これは大学ではできません」

こうした中村の思いを知ってか知らずか、中須賀は国の研究開発法人から、大学発ベンチャーの起業を支援するための資金を獲得してきた。三年以内の起業が条件である。中村にとって、願ってもないチャンスだ。中村の能力を高く評価している中須賀は、この資金を利用して中村を大学の特任研究員に採用した。中村は小型衛星ベンチャーの設立に向けて動き出した。

ウェザーニューズ創業者との出会い

衛星ベンチャーを設立しても、データを買ってくれる顧客がいなければ、商売にならない。一〇〇社回れば一社くらいは見込みがあるだろうと考え、起業準備として、おもちゃメーカーや地図メーカーなどいろいろ訪ね歩いた。しかしいずれも、「うちでは使い方が思いつかないですね」という反応で、まったく手応えが感じられない。ベンチャーキャピタルの人と話したときは『ふ～ん』と、鼻で笑われたような感じでした」。

当初は楽観的だった中村も、「誰も宇宙ビジネスの将来なんか、信じていない」と悲観するようになってきた。この先どうやって顧客を開拓すればよいだろうかと悩み、あきらめかけていた、ちょうどその頃のことだった。

千葉市に本社を置く「ウェザーニューズ」は、民間の気象情報会社として日本の草分け的存在だ。東京商工リサーチが国内の主要な天気予報サービスを対象に行った天気予報の適中率調査で、二〇二二年に第一位を獲得している。

創業者の石橋博良が総合商社に勤めていたとき、自分の担当していた貨物船が爆弾低気圧により沈没して乗組員が犠牲となるという海難事故があった。当時の気象技術で予報は難しかったのだが、「船乗りの命を守りたい」という思いから気象の世界に飛び込み、一九八六年にウェザーニューズを設立した。いまでは世界二一カ国に拠点を置き、世界最大規模の総合気象情報サービスを提供している。

その石橋が、二〇〇六年に開かれた創業二〇周年パーティーで、北極海航路を開拓するため自前で衛星を打ち上げるという構想を披露した。というのも地球温暖化の影響で、夏場の北極海の海氷が減少していて北極海航路実現の可能性が高まっていたからだ。北極海航路が実現すれば、ヨーロッパと日本を結ぶ海路は、喜望峰経由の半分の距離となり、スエズ運河経由に比べても四割短縮できる。その頃、北極海を観測可能でデータを購入できる衛星は数機存在していたが、分解能が低かったり、とても高価だったりした。

ここで活きてきたのが中須賀人脈だ。同社の山本雅也が、大学時代の中須賀の先輩で顔見知りだった。山本と中須賀が連絡を取り合う中で、衛星ベンチャーの話になったのである。

山本からの紹介を得て、中須賀と共に石橋の自宅を訪ねた中村に、石橋は熱く語りかけた。

「われわれは発注者・受注者の関係ではなく、供に新しい価値を作り出す同志だ。ウェザーニューズは気象革命を起こす。だから君たちは宇宙革命を起こせ」[*2]

石橋と中村は四時間も語り合った。そのとき中村が特に感銘を受けた言葉が「一匹目のペンギンになれ」。ペンギンは餌をとるため海辺にずらりと並んでいるが、誰も最初に飛び込もうとはしない。しかし一匹目が飛び込むと、それに続いて次々とペンギンは海に飛び込んでいく。

「石橋さんは、これまで誰もやってなかったところから立ち上げる苦労を、一番よくわかっておられたと思います。我々の宇宙という分野も、同じです。だからこそサポートしたい、応援したいと思ってくださったんじゃないかと思います」

かつて気象情報は気象庁の発表が絶対で、民間による予報の自由はほとんど認められていなかった。確かに広域予報は気象庁の発表でいいだろう。しかし地区の公園ごとに雨が降るかどうかを知りたい仕出し弁当屋さんにとっては、それでは困るのだ。石橋はこうした声を一つひとつ拾いながら、規制という固い扉をこじ開けていった。その若き日の自分の姿を、石橋は中村に重ね合わせていたのかもしれない。

石橋に会った三カ月後の二〇〇八年八月、中村二八歳のとき、大学の仲間三人と共にアクセルスペースを起業した。中村がＣＥＯである。

なんとか船出したアクセルスペースだった。しかしウェザーニューズの衛星打ち上げは順調には進まなかった。当初は二〇一一年にインドでの打ち上げを予定していたのだが、ロケットの打ち上げ失敗が続いたためキャンセルされてしまった。フランスやイギリスに打診したがまとまらず、ようやく二〇一三年一一月、ロシアから打ち上げられた。約三年遅れだったが、打ち上げ自体は成功した。ところが打ち上げ後しばらくして、衛星に故障が発生した。肝心のカメラが動作せず、海氷の観測が不可能となってしまったのだ。

実は石橋は二〇一〇年、病で他界していた。後を継いだ草開《くさびらき》千仁《ちひと》は、カメラ故障を報告した社内会議で、こう述べた。

「失敗してくれてよかったじゃないか。これでトントン拍子に成功していたら、みんなの成長がなかったと思う」

草開は「石橋が生きていたら言ったであろうことを私は石橋に代わって言ったのだった」[*2]と記している。

検討の結果、故障の原因は多量の宇宙放射線を浴びたためと結論し、耐放射線性能を向上させるとともに、故障した場合のバックアップ対策としてカメラを二系統用意した。新しい衛星は二〇一七年に打ち上げられ、順調に観測を続けている。また初号機も、磁気センサーは正常に稼働していて、航空機の運航支援サービスに活用されている。

顧客ニーズに応じた衛星ビジネス

アクセルスペースは現在、ふたつの事業を展開している。

ひとつは二〇一五年に立ち上げたデータサービス「アクセルグローブ」で、自社開発した複数の小型人工衛星を同じ軌道上に等間隔で配置している。現在は五機体制で運用しており、世界中のあらゆる地域を二～三日に一回の頻度で観測、画像を提供するサービスだ。同社によれば、日本初の量産衛星である。これを一～二年後には一〇機プラスアルファの体制に増やし、一日に一回観測できるようにする方針だ。将来的にはさらなる機数の増加も視野に入れている。

第一章で述べたように、複数の小型衛星を一体的に運用するシステムのことを、衛星コンステレーションと呼ぶ。衛星コンステレーションというと、スペースXのスターリンクが有名だ。日本でもKDDIと契約して専用のアンテナを設置すれば、スターリンクでインターネットを利用できるようになっている。スターリンクは三〇〇〇機を超える小型衛星で構成されていて、その数は増え続けている。なぜこんなに多いのかというと、スターリンクは通信サービスだから、いつでも地球上のどこでも利用できるようにするのが大前提となっている。場所ごとに決められた時間しか利用できないようでは、その価値は大きく下がってしまうからだ。

一方でアクセルグローブのような観測サービスは、地球全域を常時観測する必要はない。顧客からのリクエストに応じて、必要な場所を必要な回数だけ撮影すればよいのだ。

搭載されている光学センサーは二・五メートルの分解能を持ち、撮像範囲は東西五五キロ、南北で最大一〇〇〇キロにも及ぶ。光学衛星の弱点は、雲があったり、夜間だったりすると撮影できないことだが、複数の画像を合成することで雲を除去できる。雲のない日本全土の様子を一枚の画像に合成することも可能だ。

さらに光学衛星といっても、可視光だけでなく、可視光より波長の長い、近赤外線をキャッチすることもできる。これを使えば、作物の生育状況や森林の害虫被害の状況の把握などを分析可能だ。蚊の発生源となる水辺の場所を特定すれば、マラリアなどの感染症対策に役立てることができる。この他、赤潮被害の状況の調査や、災害発生後の被災状況の把握、地図更新の補助など、様々な場面で活用が広がっている。衛星を使えば、人が現地に行ったり、飛行機を飛ばして調査したりするよりも圧倒的に早く、安く、広域の観測が可能になるのだ。

二〇二二年に発表した「アクセルライナー」は、顧客のニーズに応じてカスタマイズした衛星を打ち上げ、運用するサービスだ。自社開発した汎用型の筐体《きょうたい》に、顧客の宇宙ミッション機器を取り付ける。契約から打ち上げまで、一般的には数年かかる期間を、アクセルライナーでは一年以内に短縮することを目標としている。

二〇二四年三月には、アクセルライナーの最初の実証衛星がアメリカ・スペースXのファルコン9により打ち上げられ、軌道投入に成功した。この衛星では、ソニーグループによる通信システム技術の実証などがミッションとなっている。

今後の展開としては、例えば独自のセンサーや通信機を搭載して自社宇宙ビジネスの早期展開を図ったり、衛星用コンポーネント（部品）メーカーが新しいプロダクトの軌道上実証をしたり、ユルい用途ではＰＲ目的でマスコットキャラクターを宇宙に運ぶことを目的としたりといった需要が考えられている。

アクセルスペースは、衛星間で光通信を使ったリレー衛星の構築にも取り組んでいる。現状はどうかというと、一日に一三回から一四回程度、各衛星が地上の通信拠点にアクセスして、データを下ろしている。ということは、撮影してからデータを送るのに最長で一〇〇分程度かかることになる。これに対してリレー衛星を使えるようになると、バケツリレー方式でデータを送るため、ほぼリアルタイムでデータを伝送できるようになる。

アクセルスペースの社員は一四〇人を超え、世界の八〇社以上とパートナー契約を結んで、各地域のニーズに沿ったソリューションを提供している。

最後に中村に、今後の展望を聞いてみた。

「社会に必要不可欠なインフラとしての衛星サービス提供を通じて、人びとの生活をより便利で豊かなものに変えていきます」

中村の描く世界が到来する日も、近いことだろう。

＊1　八坂哲雄「大学衛星日米共同プロジェクトの発足」『日本航空宇宙学会誌』（一九九九年）
＊2　石橋博良『新版　世界最強の気象情報会社になる日』（二〇一五年、IDP出版）

2－2

アマゾン研究から衛星へ

アークエッジ・スペース

ルワンダや台湾に衛星提供

「誰もが衛星によるビジネスが可能な未来を」というミッションを掲げて衛星ビジネスに取り組んでいるのが、東京の「アークエッジ・スペース」だ。

二〇一八年創業の同社は、超小型人工衛星を中心とする多種類で、複数の人工衛星生産体制を構築し、超小型人工衛星、地上局整備、関連部品の設計・製作などのハードウェア事業、加えて人工衛星運用サービスの提供、関連するソフトウェア開発、教育・コンサルティングなど、幅広く事業を展開している。

これまでにアフリカのルワンダや台湾に超小型人工衛星を提供するなど、海外への衛星供給実績を持っている。今後は積極的に自社衛星を打ち上げる予定だ。

調べてみると創業者である福代《ふくよ》孝良《たかよし》の経歴が、同社の仕事に色濃く反映されている。彼はインフラ整備の整っていない地域の視点で、宇宙利用を考えているのだ。まずは福代の人生をたどってみたい。

宇宙ビジネスの競合は地上のインフラ

福代は一九七五年、静岡県の特産品であるお茶農家の三男として生まれた。

「周りは何もない田舎で育ちましたが、都市づくりというか、国づくりというか、ロボットがこうなってとか、インフラがこうなってとか、そういう空想をしているのが好きだったんですよね。小学校の授業中、自分の机の全面に空想ワールドを鉛筆でひたすら書いていたら、先生に思いっきり怒られて、全部消させられましたけど」

アークエッジ・スペース
福代孝良代表取締役 CEO

想像力豊かな少年だったようだ。やがてマイクロコンピューター、略して「マイコン」ブームが到来し、マイコンゲームを楽しんだ。バンドブームが訪れると、ロックバンドでベースやギター、パーカッションなどを担当し、ヘビーメタルやファンクを演奏したりした。

大学は農学部の環境・資源学科に入学した。その頃から環境問題が注目されてきたこともあり、持続可能な地域開発に取り組んでみたいと考えたからだった。

「大学一年生の頃、国際協力も流行りだしていて、砂漠の緑化や森林対策に取り組みたいと思っていたんですよ」

福代が大学一年生だった一九九五年一月、阪神淡路大震災が起きた。福代は被災地でボランティア活動をするためすぐ神戸に向かい、大学には半年ほど行かなかった。変わり果てた町並みと人びとの暮らしを見て、それまでの世界観が大きく揺らいだ。

「当時は『もう大学を辞めよう』とさえ思ったんです。いろいろ考えようと思って」

世界のことをもっと知りたいと考えた福代は大学を休学し、働きながら学ぶ研修制度を利用して一年間、ブラジルに行くことにした。福代にとって南米は、事前の知識がまったくない未知の世界だったからだ。ポルトガル語もしゃべれなかったが、アマゾンの木材会社で研修できることになった。

その頃、アマゾンの木材会社は「森林を破壊する悪人」として、環境保護団体からバッシングされていた。福代はその会社で、木を切っている人たちと一緒に働き、森林の管理などを担当した。

「都会の人たちはクーラーを使ったり、高価な輸入牛肉を食べたりして、環境に負荷を与えている。アマゾンの奥地で暮らしている人たちはエアコンなんか使っていませんし、食べるものだって自給自足に近いような暮らしです。そういう人たちが『木を切るな』と言われ、生業を奪われて叩かれる。都会で環境問題を主張している人たちは、涼しいところにいて批判する」

アマゾンでは、アメリカ流の大規模農業が適していない。森林を伐採し、きれいに切り拓いて大規模な農地にしても、雨が降れば土壌が流出し、土地がやせて生産性が低くなる。確かにアマゾンでは、

一番左がアマゾンの木材会社で研修時代の福代さん（提供：福代孝良氏）

焼畑農業や森林の大量伐採といった破壊的なことをする人もいる。しかし福代が、アマゾンで伝統的な暮らしをしている人たちと共に働いて理解したのは、彼らこそ、一番アマゾンのことを知り、一番環境に良い生活をしているということだった。陽の光を好む植物の下に、日陰を好む植物を植えたり、開拓したあとには果樹を植えたりするのが、アマゾンに生きる人たちの本来のスタイルなのだ。

アマゾンの人たちの多くは、地域に根ざしたサステナブルな生活をしている。破壊的なことをする人たちはごく一部にすぎない。しかし、先進国にはそれが伝わっていない。いったん帰国した福代は、大学院に進んだ上でブラジルの大学に留学し、アマゾンの持続的な開発に関する研究に取り組んだ。

そんなとき、福代はＪＩＣＡ＝国際協力機構から協力を打診された。ブラジル環境省で地域計画を作るプロジェクトがあり、その担当者として白羽の矢がたったのだ。二〇〇三年、「JICA専門家」という肩書でブラジルに赴任し、ブラジル環境省の天然資源を管理する部門で、国立公園などの地域計画と、そのゾーニングなどに携わった。足かけ三年、JICA専門家を務めたあと、今度はブラジルの総領事館を手伝うように頼まれて、外務省に入ることになる。外務省では四年間のブラジル勤務のあと、二〇一三年に帰国し、内閣府の宇宙戦略室に出向した。

環境保全の仕事をしていたのに、なぜ宇宙だったのか。

「アマゾンの森林破壊は、衛星画像を使って観測しています。森林の保全計画をゾーニングするのにも、衛星画像を使います」

衛星の利用方法を、福代は熟知していたのだ。

外務省や内閣府時代の福代は、同僚たちとは一風、違っていたようだ。

「私のことを公務員らしい公務員と思っている人は、役所ではいなかったと思います。平気で局長のところに乗り込んでいったりしていましたから」

内閣府のときには持ち前の実行力で、宇宙システムの海外展開に関する副大臣級の海外タスクフォースを作り、宇宙開発に熱心なアラブ首長国連邦との協力関係をまとめたりした。

その後、東大の特任准教授も兼任し、その縁で、前節で紹介した中須賀と知り合うことになった。

官僚は役職が上がれば上がるほど、異動するのも早い。その結果、オールラウンダーにはなるが、専門性は身に付かない。特に宇宙開発のような進歩のきわめて早い業界だと、専門家との間でギャップが生じてしまう。

「内閣府の宇宙戦略室は、各省の人間が集まっている組織であり、政策を作ってはいても、必ずしも宇宙のことをよく知っているわけではないんです。そこでぼくは、中須賀先生とか、白坂先生とか、アクセルスペースの中村友哉社長とか、ＪＡＸＡや産総研（産業技術総合研究所）の方など、いろんな人たちと勉強会をするようになったんです」

中須賀と中村は前節で紹介した。白坂先生というのは、本章第四節で紹介する慶應大学教授の白坂成功だ。

その頃、世界的に見るとロケットや小型衛星を大量に打ち上げるアメリカのスペースＸやプラネットが注目され始めていた。

「それに比べて日本の宇宙産業は、相変わらず公共事業のようになっている。これでは世界には勝てない。それなら、自分でやるしかない」

自分で宇宙ベンチャーを起こそうと決意したのだ。せっかく外務省に勤めているのに、なんとも思い切りのいい人だ。

「もともと普通に公務員になったわけじゃないし、公務員的な仕事をしていたわけでもないのです。そのときにやることがあったら、そこに移るだけです」

ただし、そのとき福代が考えたビジネスは衛星作りではなく、衛星画像を解析して社会に役立てるＩＴベンチャーだった。しかし国内ではシステムエンジニアが不足している。その方面に詳しい知人に相談したら、韓国やフィリピンも人件費が高騰していて、穴場はルワンダだと教えられた。

ルワンダといえば、一九九四年に起きた内戦のイメージが私たちに強く残っている。しかしその後、

「アフリカの奇跡」と呼ばれるほどの急成長を遂げていることは、日本ではあまり知られていない。ルワンダは特別な地下資源もなく、内陸国のため船舶で貿易を行う港湾も持たない。そこでルワンダが力を入れたのが、ＩＣＴ（情報通信技術）立国なのだ。

アフリカでは二〇一三年に七カ国の代表が「スマートアフリカ宣言」を採択し、翌二〇一四年に開催されたアフリカ連合の定例会で承認された。スマートアフリカのウェブサイトによれば、スマートアフリカ・アライアンスは、アフリカ三九カ国が加盟して人口一〇億人を超えるまでに成長し、国際組織では世界銀行やユネスコがパートナー、民間ではグーグルやマイクロソフト、それに日本のソフトバンクなどが会員となっている。スマートアフリカの目的は、アフリカで安価なインターネットを提供し、ＩＣＴを活用してアフリカにデジタル市場を創り出そうというもので、そのリーダー格がルワンダなのだ。

「ダボス会議」として知られる「世界経済フォーラム」が二〇一五年に発表した「ＩＣＴの活用促進に最も成功した政府」のランキングでは、ルワンダが世界第一位に選ばれている。

さっそくルワンダを訪れた福代に、現地の関係者は熱い期待を寄せた。

「私たちも衛星を作りたいのです」

ＩＣＴに熱心な国だけのことはある。そうはいっても衛星部品はすべて輸入しなければならず、衛星作りに必要な試験設備もない。完成しても、打ち上げるためには外国に持って行かなければならない。

「ルワンダで衛星を作ること自体が、コストでしかないんですよ。そこで考えたのは、超小型衛星のコンステレーションでデータを融合し、解析で付加価値を高めるビジネスなら期待できるかもしれないということでした」

福代は衛星の開発が専門ではない。利用するほうが専門だ。

「いまは違いますが、ＪＡＸＡや宇宙企業の人たちで、宇宙技術がどこでどう役に立つかを知っている人は少数派でした」

本当の意味で宇宙が役に立つのは、インフラがないところだと福代は考える。高速大容量の5Ｇ通信も利用できる日本では、すでに地上のインフラが整っているのだから、わざわざお金を払ってあえて宇宙を使う必要はない。つまり、宇宙ビジネスと競合するのは地上のインフラなのだ。

「それでは、どういうところで一番役に立つかというと、アマゾンの奥地のように、地上に通信施設がないところなんです。私は二〇歳の頃からアマゾンで、宇宙はなんて便利なんだろうと思っていました」

それまでの宇宙開発は、軍事や国威発揚のため、加えて研究のためという側面が強かった。これに対して福代は、宇宙をもっと世の中の役に立てたい、宇宙を使って新しい産業を生み出したいという側面からアプローチしていったのだ。

福代がユーザーとして想定したのは、インフラがないところ、ないしはインフラが置けないところだ。

「ひとつはアマゾンとか、砂漠とか、広大な農地とか。こういうところは、行くだけで最寄りの都市から何時間もかかります。ふたつめは海なんですよ。インフラを置けないし、管理もできない。もうひとつは宇宙です。宇宙にある人類のインフラは国際宇宙ステーションぐらいしか置いてない。だからフロンティアを我々の世界に統合する手段として、宇宙は一番役に立つと思います」

帰国した福代は、そのアイデアを内閣府の宇宙ビジネスアイデアコンテスト「S-Booster 2017」に応募した。それが「世界をつなぐ さざ波衛星ネットワーク」だ。

福代がS-Boosterで提案したのは、衛星コンステレーションの一種である。その特徴は、利用を森林や広大な農業地帯、僻地、海洋など、地上のインフラが使えない地域に特化したことだ。

「私の経験から見ても、こういったところで本当に必要な情報は水の情報であったり、土地の情報であったり、疫病の情報であったり。つまり二〇文字程度で送れるような情報です。それに特化すれば、二〇ミリワットの省電力通信が可能です」

日本でもインターネットサービスが使えるようになった、スペースXのスターリンクと競合しないのか。

「私がよく言うのは、5Gが普及したからといって、短距離通信のBluetooth（ブルートゥース）や、商品管理など様々に活用されているビーコンはいらなくならないということ。それと同じで、用途が違うんですよ」

特定省電力・低容量・低速通信用の超小型衛星なら、一機数百万円で製造できる。地上で送受信するための機器は一台五〇〇〇円以下で利用可能だ。特定省電力なら国の規制を受ける可能性は少なく、手続きは簡略化されている。

「合わせて数十億円あれば、全世界で簡単に利用できるプライベートＩｏＴを実現できます」

こうした超小型衛星ネットワークの運用と、通信ソフトの提供などを新たなビジネスモデルとして提案したさざ波衛星ネットワークが最終選考に残り、S-Booster の審査員特別賞を受賞した。

そこで二〇一八年七月、さざ波衛星ネットワークのアイデアを実現するため福代は「スペースエッジラボ」を立ち上げた。

同年一二月にルワンダ政府インフラ規制庁より、3Uタイプ、つまり縦横一〇センチ、長さ三〇センチの超小型衛星を受注した。このルワンダ衛星は二〇一九年一一月、国際宇宙ステーションの日本実験棟「きぼう」から軌道投入され、運用開始に成功した。

二〇二〇年六月には台湾国家宇宙センターから、超小型衛星を受注した。

二〇二一年一月には社名を「アークエッジ・スペース」に変更した。

「本当は衛星を作るような会社にするつもりは、まったくなかったんですが、東大の研究室の学生たちが新たな衛星作りの会社を立ち上げる準備をしていました。そこで中須賀先生から『一緒にやったら』と提案され、社名も変更して衛星作りも取り入れた会社にしたのです」

同社は、中須賀が代表者である「中須賀・船瀬研究室」で培った超小型人工衛星の開発や運用に関するノウハウを活用する東京大学発ベンチャーでもあるのだ。

小型・低コストな「6U衛星」

3Uサイズの超小型衛星は安くて簡単にできる。簡易なIoTのレベルなら十分だと思われた。し

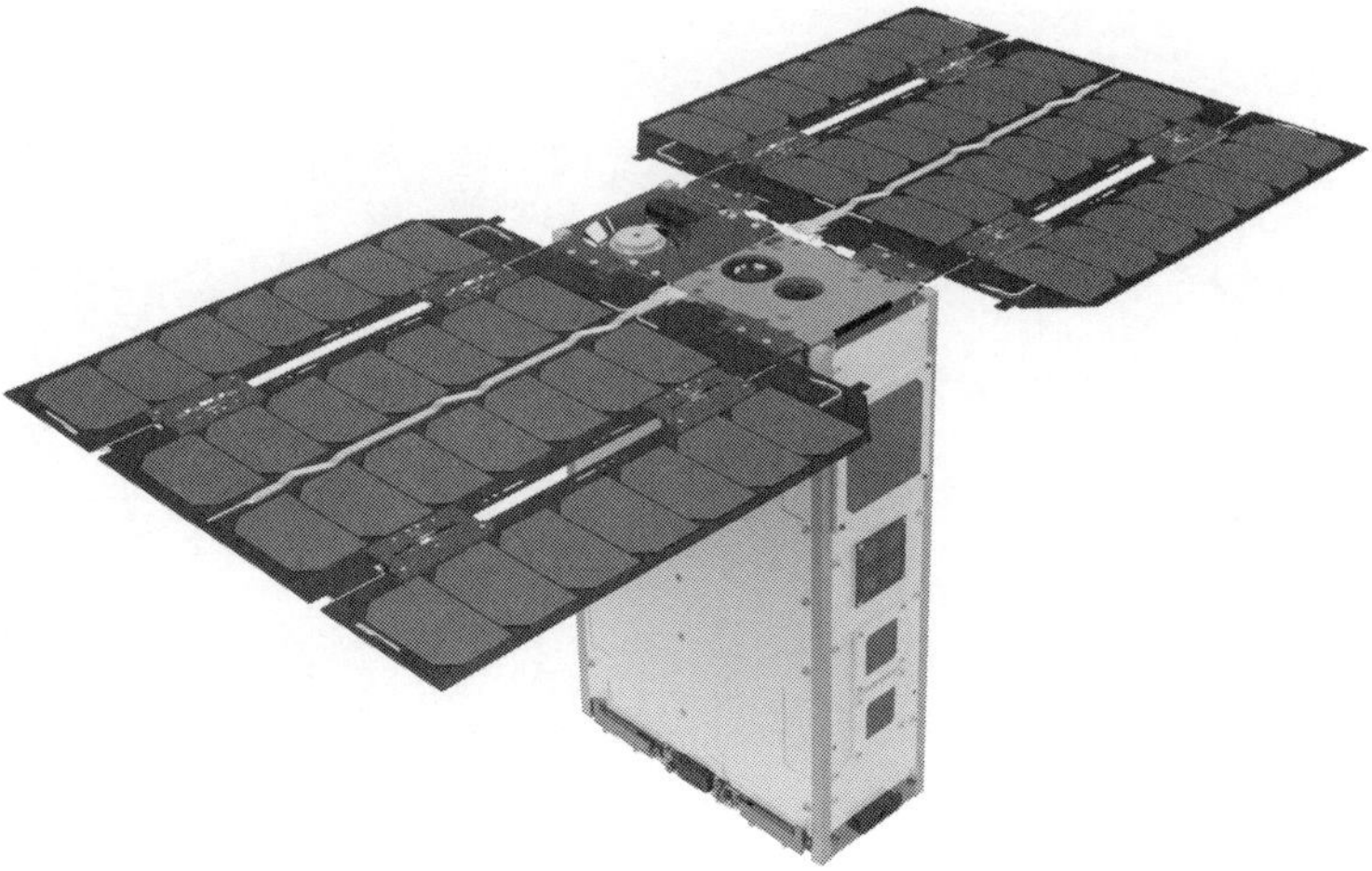

アークエッジ・スペースの6U衛星イメージ図（提供：同社）

かし6Uサイズをメインにすることにした。横一〇センチ、縦二〇センチ、長さ三〇センチ、重さは中身によって違うが、十数キロである。

「アクセルスペースの衛星がノートパソコンだとしたら、こちらはスマホぐらいのイメージです。機能は限定されますが、ある程度の解像度の画像を撮影するとか、少し高度なミッションをしようとすれば、これぐらいは必要っていうサイズが6Uですね」

台湾の衛星は6Uで製作した。

東大の研究室で、基本的な技術は開発されていた。しかし産業化という面では課題も多くあった。

「研究者は、新しい技術開発に取り組もうとします。しかし私たちにとっては、開発したものをどのように量産するか、コストをどう減らして商業ベースに乗せるかが大切です」

そこで会社の方針としたのが、汎用的に使える超小型で低コストな6Uキューブサットの原型を作り、それを加工することで多種多用な衛星を量産できる生産体制の構築だった。衛星を構成するコンポーネントを標準化し、オプションを複数設けて組み合わせることで、利用者の希望する性能や価格の衛星を提供できるシステムを作れると考えたのだ。

事業としては、海外の衛星のほかにも、ソニーが展開する宇宙プロジェクトで、ソニーのカメラを搭載する超小型衛星の運用に参画している。

いまは福井県の企業と一緒に、衛星を作り始めている。

「一度に作れて一〇機程度ですので、一般のビジネスでは量産とは言えないかもしれませんが、同じものを複数どんどん作れるようにする。それを、宇宙ビジネスをまったくやったことがない企業と一緒に始めています」

衛星活用で地球温暖化対策

今後のスケジュールとしては、自社運用の6U衛星を二〇二四年以降の数年で約三〇機打ち上げる計画だ。その上で三年から五年以内には、毎年一〇〇機の打ち上げペースに増やしたい考えだ。

こうした衛星の活用方法は、幅広く考えられる。福代がまず考える衛星活用の第一は、人びとの安全対策であり、災害対策であり、環境対策だ。

アフリカには活火山がたくさんあり、近年も噴火で大きな被害に遭った地域がある。有害な火山ガスも出る。そこでCO_2やメタンの濃度を測定できる超小型のIoTセンサーを使えば、火山活動を監視できる。電池式で安価な超小型のセンサーを多く配置し、アークエッジ・スペースの衛星でデータを受信するのだ。

地球温暖化対策にも活用が期待できる。福代によれば、国立アマゾン研究所は、研究員がジャングルの奥地に分け入り、代表的なポイントで実際にセンサーを使って測定する。しかし、険しいジャングルのすべての地点に研究員が定期的に行くことは難しい。そこで実測値をもとに、全体の数値を概算しているのだ。つまり本当はどうか、誰もわからない。そういうところにＩｏＴセンサーを置き、衛星でデータを収集すれば、二酸化炭素の排出状況を正確に把握することができる。

耕作地帯にセンサーを配置すれば、CO_2の排出量を実測値として確認できる。「環境にやさしい農作物」を数値として見える化し、消費者にＰＲすることもできるようになる。

熱帯のジャングルに多い泥炭も、二酸化炭素の放出源として注目されている。特に、乾いた泥炭に火が付いて燃え広がると、通常の森林火災以上に多量のCO_2が排出される。そこで泥炭地の乾燥状況をＩｏＴセンサーで計測して衛星経由でモニターすれば、乾燥しないようにしたり、乾燥してしまった場合は火事にならないよう注意を促したりするなどの対策を取ることができる。

同様に、干ばつや水害の懸念される地域には、センサーとして水位計を取り付け、水の量を衛星で監視して、農業被害に備えることができる。

海洋と宇宙での通信インフラ目指す

アークエッジ・スペースが今後の大きなミッションのひとつとして位置付けているのが、海洋のデジタル化だ。国際航路の旅客船など一定の基準を満たす船舶には、すでにＡＩＳ（船舶自動識別装置）の搭載が義務付けられている。ＡＩＳは船舶の位置や進路、速力、目的地などの情報をＶＨＦ（超短波）帯の電波を使い、地上局や船舶どうしの間で自動的に送受信するシステムだ。しかしＡＩＳは電話のように音声のやりとりを同時に行うことができず、加えて通信距離が約二〇キロという制約がある。このＡＩＳを発展させた新しい通信規格が衛星ＶＤＥＳ（次世代ＡＩＳ）である。双方向の音声通話が可能で、通信距離は約二〇〇〇キロにまで広がる。回線速度は中速度だが、業務用ＩｏＴ衛星回線として期待されていて、装置にかかる費用もＡＩＳと同程度と見込まれている。

「通信事業は国ごとに免許を取る必要がありますが、海はルールが統一化されています。このため、将来的には船の安全のために使うだけでなく、物流の高度化や気候変動対策など様々な使い道が考えられます」

内閣府と経産省が二〇二二年一〇月に発表した衛星ＶＤＥＳの研究開発構想によれば、「我が国が安全保障活動、社会経済活動を行う上で必須の基盤インフラ技術であり、他国に依存することなくこれを自律的に構築する能力を担保」すると謳っている。同じ時期に、ＩＨＩや三井物産などと共に、アークエッジ・スペースも参加して「衛星ＶＤＥＳコンソーシアム」も設立されている。

同社の掲げるもうひとつの大きなミッションが、宇宙での利用だ。具体的にはＪＡＸＡからの委託を受け、月で通信と測位のインフラを構築するための基礎的な検討を進めている。

「月で使うローバー（探査車）をＪＡＸＡがトヨタなどと開発していますが、月に行くとＧＰＳは使えないわけです。ということは、月のナビゲーションシステムを作る必要が出てきます。通信のシステムも同様に構築しなければなりません。そこで問題になるのが輸送費です。そのとき、我々の衛星の特徴である超小型サイズは、大きな競争力となります」

アフリカでのeコマース実現への活用

将来的には衛星を利用することで、インターネットを利用したeコマース、つまりネットショッピングがアフリカでも利用できるようになるかもしれない。

「決済可能なアカウントがあることと、位置情報が正確に伝わることが、eコマースを実現するための前提条件です」

アフリカの人口は急激に増えていて、国連によると二〇二二年の約一四億人から二〇三〇年には約一七億人、二〇五〇年には約二五億人に増えると見込まれている。インターネットを使えるようになれば、私たちと同じようにネット通販を利用したくなるだろう。その際に必要な条件は与信、つまりクレジットカードを発行する際に融資枠などの信用を与える手続きだ。もうひとつは、商品の配達網である。こうした課題がある以上、すぐにeコマースが普及するわけではない。

「そのためのIoT基盤なら、大型衛星でなくても、私たちで対応可能です。例えば日本で全国展開しているディスカウントストアから『次はアフリカに進出したいから、現地で利用できる電子決済サービスを作れないかな』と相談されたら、『三〇〇億円で作れますよ』と答える時代が来る可能性は、すぐそこにありますよ」

アマゾンやアフリカのこれからのインフラは、その多くを宇宙に依存する可能性が高そうだ。これから大幅な人口増加が予想されているのも、そうした地域である。

福代の視線は、科学者目線や、資本家目線ではなく、利用者目線であり、地域の人びとの思いを第一に考えている。それがアークエッジ・スペースの最大の強みだ。

2 ─ 3

九州の下町衛星

QPS研究所

小型レーダー衛星ビジネスとは

夜間や悪天候の影響を受けないレーダー衛星は、主に安全保障の用途で開発が進められてきた。大電力と大きなアンテナが必要とされたため、必然的に衛星は大型化し、打ち上げを含めた価格はきわめて高価なものとなった。それでも構わないのが国家による軍事利用だったのだ。

ところがここ数年の動きとして、ITをはじめとする技術革新でレーダー衛星の小型化に成功したベンチャー企業が、新たなビジネスを展開するようになった。実用化には世界でもまだ数社しか成功していない小型レーダー衛星のベンチャービジネスだが、そのうちの二社が東京の「シンスペクティブ」、それに福岡の「QPS研究所」という日本の企業なのだ。本節では会社の設立順に従って、QPS研究所を紹介したい。

失敗を恐れない精神に触発

一九五九年、石川県の高校三年生だった八坂哲雄は、アメリカに本部を置く国際教育交流団体ＡＦＳの留学生に選ばれ、アメリカのシアトルに上陸した。日本からはるばる二週間の船旅だった。米国内の留学先に飛行機で向かうため港からシアトル空港に着くと、当時の最新鋭機ボーイング７０７がずらりと並び、銀色に輝く翼を休めていた。アメリカ到着早々、まだ戦争の爪痕を深く残す祖国との違いを見せつけられたのだ。

「どこかへ納入するため、空港の一隅で待機していたわけですね。外から見ただけですが、なんとも印象的でした」

その強烈な記憶が、のちの八坂の進路に大きな影響を与えることになった。

八坂が東京大学に入学した一九六一年の四月一二日、ソ連のガガーリン少佐を乗せたボストーク１号が地球を一周した。人類初の有人宇宙飛行が成功し、世界に衝撃を与えた年でもあった。

工学部に進学した八坂は、航空学科に新設された「宇宙コース」の第一期生となった。八坂の視線は、空から宇宙に移っていた。

「糸川先生がペンシルロケットを飛ばして、世の中に知られだした頃なんです。これはすごい！　面白いと思ったわけです」

日本の「ロケットの父」糸川英夫が東京の国分寺市で、長さ二三センチのペンシルロケットの発射実験を初めて行ったのが、一九五五年四月。半地下の壕で水平発射だったが、日本における宇宙開発の幕開けを告げる快挙だった。その後、ベビーロケット、カッパロケットと開発が続く。

大学院は、駒場キャンパスに新設されたばかりの東京大学宇宙航空研究所（以下、宇宙研）に進学した。そのときロケットエンジンを研究する糸川研究室希望の学生が三人いた。

「三人ともとってもらえるだろうと思っていたら『俺のとこは一人でいいよ』って」

それで仕方なく、じゃんけんになった。負けた八坂は、機体の仕組みを研究する構造力学の研究室に入った。もしじゃんけんに勝っていたら、八坂はロケット開発者として、別の人生を歩んでいたかもしれない。八坂に糸川評を聞いてみた。

「ひどい人ですよ。進学のときには熱心に話を聞いてくれたのに、それから廊下でぱったり会って挨拶したら『誰だっけね』って」

笑い話のようでもあるが、糸川は人間関係よりも、研究開発に没頭すると、すべてを忘れるタイプだった。そうはいってもロケットの開発にはエンジンだけでなく、空気力学や構造力学、電気工学など様々な分野の専門家が必要とされる。糸川はチームのリーダーとして腕をふるい、八坂もその一員として汗を流した。

一九七〇年、大学院を修了した八坂は宇宙研に助手として残り、ミューロケットの開発に携わる。一方、民営化される前の電電公社では一九六七年に衛星通信研究所が発足し、衛星開発に力を入れ始めていた。請われた末、二〜三年の約束で電電公社に移った八坂だったが「宇宙研に戻られたら困る」と猛烈な引き止めにあい、結局二一年間にわたり、ＮＴＴで通信衛星の開発を手掛けることになった。八坂は国産初の通信衛星「さくら」のアンテナ開発に携わるなど、研究所の主席研究員として、大口径のアンテナを精度良く作る研究に没頭した。八坂が在籍していた一九八九年には時価総額ランキングで世界一に輝いた企業である。年間で数億円の経費を使い、大型アンテナを何種類も作っては壊すを繰り返すこともあった。

あるとき、メーカーから納入されたアンテナに小さな穴が開いていたことがあった。八坂は気密性や性能に問題なしと判断したが、上司の鶴の一声で再度製作させることになった。メーカーは自社で数億円を負担して作り直す羽目になった。

確かにいったん宇宙に衛星を送り出したら、部品が壊れたからといって、修理することはできない。特に国家プロジェクトが中心の宇宙開発では失敗が許されないのだ。その結果として宇宙では最先端で高性能の部品ではなく、信頼性重視の旧式な部品が官需として高値で取引されることになる。

一九九〇年頃、韓国の研究グループが研究所を視察に訪れたことがあった。当時の韓国は、技術力も経済力も、日本に比べて数段劣っていた。

「安価な民生用のＩＣ部品を使って小型衛星を作りたい」

八坂は、宇宙空間の強い放射線や真空状態で故障する恐れがあることを指摘した。

「それなら、どういうふうに壊れるのか、観察してみたいです」

彼らの言葉は八坂の胸に響いた。それはかつての日本人が持っていた、失敗を恐れないチャレンジ精神だった。その後、韓国は通信衛星の開発に成功した。八坂は、従来のスタイルにとらわれない、柔軟な思考の必要性を痛感した。そこで八坂は、関連学会に働きかけ、本章第一節で紹介した「衛星設計コンテスト」を立ち上げることとし、若いエンジニアの育成に力を入れ始めた。その後、世界で小型衛星のめざましい発展が始まるのである。

九州の宇宙産業のパイオニアを目指す

一九九四年、八坂五二歳のとき、請われて福岡の九州大学工学部航空工学科教授に着任した。八坂は鹿児島のロケット発射場をたびたび訪れていただけに、九州には親しみがあった。

九大時代に八坂が熱心に取り組み、いまにつながる成果がふたつある。ひとつは大学発の五〇キロ級超小型衛星の開発に取り組んだことだ。九大にとどまらず、全国の他大学とも連携して大学発NPO「大学宇宙工学コンソーシアム（UNISEC）」を創設し、初代理事長を務めた。

東大の中須賀は、八坂をよく知るひとりだ。

「八坂先生は、実は日本における超小型衛星を一緒になって立ち上げた仲間なんですよね」

本章第一節で紹介した「日米科学・技術・宇宙応用プログラム（JUSTSAP）会議」で、八坂は小型衛星ワーキンググループの日本側代表でもあった。

「八坂先生には当時、すごくお世話になりました。ハワイでカンサットの会議をしたのも、JUSTSAPの会場をお借りしてのことだったんです」

もうひとつは、九州の地場産業との連携を強化したことだ。九州の中小企業は優れた技術を持っているのに、宇宙開発に携わった経験がない。これは宝の持ち腐れではないか。そう考えた八坂は二〇〇〇年頃から九州各地を行脚して講演会を開き、宇宙開発の面白さを説くと同時に「そこには新たなビジネスチャンスがある」と訴えた。関心を示した企業は約二〇〇社にのぼった。このうち新分野を探っていた約二〇社が八坂の考えに賛同し、大学で取り組む衛星開発に参加するようになっていた。

二〇〇四年、八坂は九大を定年で退官した。このまま何もしないと、せっかく九州地域に根付き始めた宇宙産業ネットワークの先行きが案じられる。そう考えた八坂は二〇〇五年、旧知で同い年の二人に声をかけた。航空力学が専門で九大名誉教授の桜井晃、それに三菱重工のロケット開発者だった舩越《ふなこし》国弘である。三人はそれぞれ一〇〇万円を出資し、桜井のマンションの一室でQPS研究所（以下、QPS）を創業した。その名前には、九州における宇宙産業の開拓者（パイオニア）となるという自負が込められている。当初の社長は八坂であったが、その後舩越に譲った。八坂は取締役に就き、大学の衛星開発プロジェクトを支援したり、小型衛星用の部品開発に取り組んだりした。

若き新社長の誕生

そうこうするうち創業から一〇年近くが経過した。依然として三人所帯で、彼らはすでに古稀を過ぎていた。赤字は免れていたが、儲けもない。一定の役割を果たしたとして、幕引きを考えていた二〇一三年のことだった。

旧知の青年が八坂を訪ねてきた。唐突に「入社したい」と言う。

「これには困りましたね。そろそろ隠居しようと思っていた頃ですから」

八坂哲雄ファウンダー（左）と大西俊輔社長（提供：QPS研究所）

それが現QPS社長の大西俊輔だった。

一九八六年、佐賀市で生まれた大西は小学校低学年の頃、宇宙に関する本を読んで、ブラックホールなど、宇宙の不思議に興味を持つようになった。同時にモノ作りも大好きで、ペットボトルロケット作りに熱中したりもした。

やがて九州大学工学部の航空宇宙工学コースに進み、人工衛星の研究室を選んだ。

「それまで衛星がどのように作られるのか、まったく知りませんでした。それが実際に自分たちで作れるということに驚きました」

大西は大学四年生のときから、九州大学が中心になって開発する地球観測超小型衛星のプロジェクトに関わるようになった。このとき、九大の特任教授だった八坂に出会ったのだ。このときに、そのときの印象を聞いてみた。

「衛星って分業制で、いろんな専門家が集まってひとつの衛星を作っていくのですが、八坂先生は膨大な知識量を持っていて、全部を見渡すことができる。何でも知っているんです。あらゆる議論で、専門的な意見を普通に述べるんですよ。『すごい！』って思いました。しかも、学生の意見を否定せずに聞いてもらえる。『とにかくやってみよう』の精神で、どんどん進めていかれるんですね。新人で入った私も、のびのびやらせていただいて、本当にいろんな面で成長させてもらいました」

大西は学生時代、九大のプロジェクトのみならず、全国の大学で実施されていた一〇以上の衛星プロジェクトに参加し、大学生ながらも衛星作りに関しては相当な経験を積んでいた。東大の中須賀が「大西君は仲間ですよ」と認めるほどだ。八坂は大西をどう見ていたのだろうか。

「彼は自然にリーダーの立場にたっていました。グループの中でもずぬけてリーダーシップに富んだ人材だったということですね」

そんな大西がＱＰＳの門を叩いたのである。八坂たちは、大西を思いとどまらせようとした。

「ＱＰＳなんて、きちんと給料を出せるかどうか、わからないわけです。『こんなところに入るのじゃなくて、ちゃんとした会社に入ったほうがいいよ』って言うのは、当たり前の話です。宇宙ベンチャーなんて、その頃はほとんどなかったですからね」

それでも大西はあきらめない。ついに八坂たちが折れて、条件付きで入社を認めることになった。その条件とは、自分の食い扶持は自分で見つけること。さらにＱＰＳの新しい事業モデルを構築し、社長に就任することである。大西は、宇宙開発の大手企業から入社の誘いも受けていた。それなのになぜ、将来も見通せないＱＰＳにこだわったのだろうか。

「日本各地でいろんな衛星プロジェクトに携わってきましたが、名の知られたプロジェクトと比べても、九州のモノ作りの力って遜色ない。むしろレベルは高い。それなのに外部の人たちからは『九州って、そんなに力ないよね』と言われることが多かった。それは違うし、もったいないと、ずっと思っていました。人生一度きりなので、九州に残り、ＱＰＳで九州の宇宙産業をより発展させたいと考えたのです」

二〇一三年、大西はＱＰＳに入社し、翌年には約束通り、社長に就任した。

小型レーダー衛星はブルーオーシャン

ＱＰＳに入社した大西が新規事業として目を付けたのが、地球の様子を観測する「地球観測衛星」の一種、レーダー衛星だった。

地球観測衛星は用途や観測方法によって、様々なタイプが開発されている。「グーグルアース」で使われているアメリカの「ランドサット」は、デジタルカメラと同様の仕組みを備えた光学衛星だ。気候変動観測衛星、地球資源観測衛星、温室効果ガス観測衛星など、目的に応じて様々な衛星が宇宙を飛んでいる。

こうした用途別ではなく、搭載するセンサーの違いで衛星を分類することもできる。太陽など宇宙から地球に降り注ぎ、反射する様々な電磁波、例えば光や近赤外線、さらには太陽光や火山活動などで温められた結果として地球から放出される熱赤外線などを観測するのがパッシブ（受動型）センサーだ。これに対して衛星が自ら電磁波を出し、地表面や大気中の雨粒などの粒子に反射して返ってきた成分を観測するのがアクティブ（能動型）センサーである。

それぞれメリット、デメリットがあり、可視光線を利用するパッシブセンサーは、カラーでわかりやすい映像を撮ることができる。しかし雲があったり夜間だったりすると、地表面を撮影することができない。

これに対し、電磁波の一種であるマイクロ波を自ら照射するアクティブセンサーは、夜間でも問題なくデータを取ることができる。マイクロ波は雲を透過するため、悪天候に邪魔されることもない。観測できるのはマイクロ波が反射して戻ってきた建物や土地、樹木などの物体の表面の位置情報である。デメリットとしては、光学衛星ほど滑らかな画像を得ることはできず、色情報もない。

このアクティブセンサーを搭載した衛星で近年、急速に注目を集めているのが「合成開口レーダー衛星」だ。衛星が移動しながら一秒間に一〇〇〇回以上ものマイクロ波を地上に発射し、その反射波を受信することで仮想的にアンテナの大きな開口面を合成することから、この呼び名がついた。英語のSynthetic Aperture Radarの頭文字をとってSAR《サー》衛星とも呼ばれるが、本書では読みやすさを優先して「レーダー衛星」と表記する。

夜間や悪天候の影響を受けないレーダー衛星は、主に軍事利用として開発が進められてきた。マイクロ波を出すためには大電力が必要で、レーダーも大きなサイズが必要とされたため、必然的に衛星は一～二トンクラスに大型化し、打ち上げを含めた費用はきわめて高価なものとなった。それでも構わないという用途が安全保障だった。

しかしレーダー衛星は軍事以外にも、様々な用途が期待されている。継続的に観測することで地盤

QPS研究所の小型衛星イメージ図（提供：同社）

の沈下や隆起、森林伐採の状況などを調べて、地球環境の保全対策に活かすことができる。水面は黒く表示されるため、洪水や津波で都市や田畑が浸水した場合、どこまで被害を受けているかを確認することができる。海上の船舶を確認することもお手の物だ。

ＱＰＳが得意なのは、小型衛星作りだ。しかし光学衛星の分野は、すでにベンチャー企業が参入している。これに対してレーダー衛星で、一〇〇キロクラスの小型衛星は世界のどこを見ても、まだ存在していなかった。新規事業を探していた大西は、小型レーダー衛星こそ、まだ誰も実用化していないブルーオーシャンだと直観した。小型化にこだわるのは、一キロあたり一〇〇万円ともいわれる莫大な打ち上げ費用を、軽量化するほど節約できるからだ。

レーダー装置は航空機にも搭載されていて、電子装置の小型化は不可能ではないと思われた。しかしブルーオーシャンなのには、それなりの理由がある。自ら電波を出すレーダー衛星は、大掛かりな電力装置が必要となり、地球から跳ね返ってくる微弱な電波を受信するための大きなアンテナが必要とされた。最大の問題は、大型アンテナの実現が、小型衛星では難しいことだった。

そこで大西は、八坂にレーダー衛星について相談した。

「小型のレーダー衛星に載せる大型アンテナって、できるんですかね？」

これに対する八坂の回答は、簡単なものだった。

「できるよ」

従来のレーダー衛星に搭載されていたアンテナは、高い指向性を持つ平面型の「フェーズドアレイアンテナ」が一般的だったが、アンテナを駆動する電子回路が必要となり、小型化は難度が高かった。一方、八坂が提案したのは、お椀型のパラボラアンテナだった。パラボラは電波を集中させることができる。その分、電力の消費も少なくて済む。ということは、折りたたみ式のパラボラアンテナを実用化できれば、小型レーダー衛星の実用化も夢ではなくなる。

円陣スペースエンジニアリングチーム

九州自動車道の久留米インターチェンジから車で約五分。福岡県久留米市の工業団地に「オガワ機工」の工場がある。内部が広々としていて天井が高いのは、納入先の様々な工場向けに受注生産して

e-SETのメンバー。上段左端が伊藤慎二副理事長、上段右端が當房睦仁理事長。上段中央はQPS研究所の大西社長（提供：e-SET）

いる業務用の大型コンベヤや垂直搬送機、産業用ロボットなどを製造するためである。

その一角で、丸い中華鍋を細い脚の上に載せたロボットのようなものが組み立てられている。ＱＰＳから受注した小型レーダー衛星だ。

オガワ機工副社長の伊藤慎二は、円陣スペースエンジニアリングチーム（以下、ｅ《イー》－ＳＥＴ《セット》）の副理事長も務めている。まずはｅ－ＳＥＴから説明しよう。

ブリヂストンやアサヒシューズ発祥の地として知られる久留米市を中心とした筑後地方は、モノ作りに長けた中小企業が多く立地する工業地域である。しかし生産拠点の海外移転や工員の高齢化などに伴って、地場企業は減少が続いている。危機感を募らせた筑後地域の二代目後継者約四〇人が二〇〇五年に異業種交流団体「円陣」を結成し、新たにチャレンジしたい事業の研究を始めたのである。研究対象はロボットやモビリティなど多岐にわたった。そのひとつとして注目したのが、宇宙だった。

フッ素樹脂コーティング業の「睦美化成」で社長を務める當房睦仁《とうぼうむつひと》が、二〇〇七年に九州大学で行われた「九州地域宇宙産業講演会」に参加したのがきっかけだった。大学の衛星プロジェクトを紹介され、円陣の中で参加を希望した会社が宇宙開発に特化したグループを結成した。それがe－SETだ。二〇一二年にはNPO法人化し、現在は一三社が加盟している。業種は機械設計や金型製作、精密部品製作、歯車加工、ゴム・プラスチック部品製造など多岐にわたる。

e－SETは大学の衛星プロジェクトを通じて、八坂や大西などQPSのメンバーと信頼関係を構築していった。QPSが小型レーダー衛星作りに乗り出したとき、衛星本体の製造を受託したのが、e－SETとそのメンバーだった。

下町衛星打ち上げ成功

オガワ機工副社長で、e－SET副理事長を務める伊藤は一九七五年生まれ。父が会社の創業者で、いまは兄が社長を務めている。大学の学部は、衛星とは縁もゆかりもない芸術学部で、専攻したのは「総合芸術」。油絵もやれば、写真も撮り、コンピューターも駆使するコンテンポラリーアートだ。

「芸術学部に入った段階で、大学から親に『卒業しても求人はまず、ありません』と連絡がありました」

笑いながらそう話す伊藤は大学を卒業すると、父の会社に入社した。バブル経済崩壊後の景気低迷で、ロストジェネレーションとも呼ばれる就職氷河期世代だ。理系の知識は入社後に猛勉強したが、芸術学部で学んだことも、いまの仕事に役立っているという。

「大学でみっちり叩き込まれたのは観察することです。デッサンはなんとなく見るじゃダメで、穴が開くほど見る。うちはいろんな機械を作る会社なんですけど、その見る力がモノ作りに活きています」

自社製品を納入するため、サウジアラビアに一カ月間滞在し、出稼ぎに来ていたフィリピン人労働者を相手に英語と九州弁のちゃんぽんで陣頭指揮をとったこともあった。

「きのうの続きっていうのがすごく嫌なんですよ。何か新しいことに触れていたいっていう気質があって」

そんな伊藤が宇宙開発に飛びついたのは、むしろ必然と言えるかもしれない。

二〇一七年、QPSからe－SETに対し、レーダー衛星本体の構造系と、動作する部分である機構系の製作について依頼があった。

「八坂先生から『伊藤君、やろうよ』って言われて、その場で返事しました」

伊藤は会社の誰にも相談することなく、引き受けた。

「やったことはないけれど、やったことがないからこそ、やりたいと思いました。いま振り返れば、よくぞあの程度の知識で『やりたい』と言えたものだとは思います」

当初は採算度外視である。しかし同時に八坂から「ビジネスとしてやってほしい。ボランティアではやってくれるなよ」とも強く言われた。ボランティアなら一度くらいはできるかもしれない。しかし継続して何機も作っていくためには、ボランティアではダメなのだ。

QPSの小型レーダー衛星製作にあたっては、e－SETをはじめ、北部九州を中心に全国二五社以上が協力会社として参加している。部品の調達比率は九州が八割を占めている。

伊藤の会社ではコンピューターで衛星本体の設計図を描き、自社工場で本体部分を組み立てた。本体の形を六角柱にすることやアンテナの構造、大きさや重量など、基本的なデザインやスペックはQPSから示された。しかし細部を詰めて図面に落とす作業は、e－SETがQPSと相談しながら、煮詰めていった。e－SETのメンバーはもちろん、それ以外の専門性を持った会社も加わって、急ピッチで製作が進んでいった。

大西や八坂も製作現場に顔を出し、あれこれと意見を言う。これに対してe－SETのメンバーも、言うべきことは明確に主張し、ときには反論もした。

「アイデアの段階でのラフなスケッチと、最終的な図面とは、やっぱり違うんですよ。だから最後はやっぱり、作る人が図面を描かなきゃダメなんです」

これが八坂の考えだ。発注する側が最終的な設計図を描くと、作業工程を考えずに間違いが出たり、机上の空論にもなりかねない。八坂はe－SETとQPSを対等のパートナーとして考えている。その結果としてe－SETの各メンバーに、独自のノウハウが蓄積されることになる。それは、衛星作り以外の他の仕事にも活かされることになった。伊藤は語る。

「従来は、例えば五ミリや六ミリの鉄板を選んでいても、少し強度に不安を感じたら八ミリや九ミリに変更するという、足し算的な思考でした。しかし人工衛星では極限まで削って軽くすると同時に、強度も必要です。そこでコンピューターを使って解析しながら考えるというスタイルを、社員みんなが持つようになりました。私たちの製品は受注生産なので、トライアンドエラーがものすごく多かったのです。それがコンピューターによる解析を導入したことで、試験の回数が大幅に減り、結果として納期の短縮や経費削減にも大きく役立っています」

ＱＰＳは二〇一九年に小型レーダー衛星一号機、二〇二一年には二号機の打ち上げに成功した。民間企業としては世界で三番目の快挙だ。宇宙で展開するパラボラアンテナは直径三・六メートルで、小型衛星としては世界最大級である。ＱＰＳによれば従来型のレーダー衛星に比べて、質量が二〇分の一、コストは一〇〇分の一に抑えられるという。

次なる目標はロケット開発

円陣、そしてｅ－ＳＥＴが発足した背景にあったのは、規模で劣る中小企業であっても、様々な専門家が有機的に結びつけば、大企業に負けない仕事ができるはずという発想だ。細かな意見の違いはありながらも、大きなベクトルの方向性を確認しながら、協力して事業を進めてきた。

「そのためにも宇宙ビジネスを地元に根付かせて、九州の大学の優秀な学生さんに地元で働いてもらいたい。彼らを引き込めるだけの魅力的な企業を作りたい。そこにようやくＱＰＳのような会社が出てきたので、ぼくたちも全力で応援していこうと考えています」

e－SET理事長の當房はそう語る。大学生だけでなく小中学生にも関心を持ってもらうため、宇宙ビジネス関係の展示会やイベントの開催にも力を入れる。高校などで開かれる宇宙に関連した授業にも、メンバーを積極的に派遣している。

當房は今後のe－SETの活動として、衛星以外の宇宙開発にも参入したいと考えている。二〇二二年からは、福岡大学と共同でロケットエンジンの研究を始めている。

「QPSの衛星を載せて打ち上げるロケットが、ぼくらの大きな目標のひとつですね」

打ち上げ失敗の教訓

二〇二二年一〇月一二日、鹿児島県の内之浦宇宙空間観測所でJAXAの打ち上げた小型ロケット「イプシロン」六号機が機体の制御に失敗し、打ち上げ七分後に司令破壊された。その結果、先端部分に搭載されていたQPSのレーダー衛星二機を含む八機の衛星は、フィリピン東方で海のもくずと消えた。

家族と一緒に間近で打ち上げを見守っていたオガワ機工の伊藤は、やはり現場に来ていた八坂と休憩所で顔を合わせると、ため息をついた。

「子どもたちも連れて来ていたんですけどね」

伊藤がそうつぶやくと、八坂は伊藤をなぐさめるように言った。

「いや、いい経験をさせられたんじゃないかな。大人たちがどれだけ頑張って、本当に真剣に頑張っ

2023年7月に小型レーダー衛星が観測した横浜の画像。高精細モードでは、46センチの大きさまで識別が可能になった。（提供：QPS研究所）

て、手抜きしないでも、こういうことが起きるっていうのを見せられたのは、もしかしたら良かったのかもしれないね」

失敗は仕方がない。自分たちの力ではどうにも及ばないこともある。だから、自分たちでできることをやるだけだ。八坂や大西、伊藤や當房たちは、翌日から衛星作りを再開した。

一〇分間隔でデータ提供

二〇二三年六月、QPSの新たな衛星がアメリカ・スペースXのファルコン9で、予定していた高度五四〇キロの軌道に投入された。衛星の搭載機器は正常に作動し、翌月には画像取得に成功した。同年一二月にはアメリカとニュージーランドに拠点を置くロケットラボの「エレクトロン」により、二〇二四年四月にはスペースXのファルコン9により、それぞれ衛星が投入された。これでQPS研究所の運用するレーダー衛星は五機となった。

QPSは将来的に小型レーダー衛星を三六機体制とし、世界のどこでも平均一〇分間隔という準リアルタイムで観測データを提供できるシステムの構築を目指している。

2 — 4

逆転の発想

シンスペクティブ

衛星開発からデータ解析まで

東京の深川は、江戸情緒あふれる東京の下町だ。仲見世の賑わいを満喫できる「人情深川ご利益通り」を散策するのも楽しいし、ご当地グルメの「深川めし」を味わうのもいい。昔ながらの商店街やおしゃれなカフェも点在する。そんな深川に、新たな名物が加わるかもしれない。この地に本社を置く宇宙ベンチャー「Synspective（以下、シンスペクティブ）」の人工衛星ビジネスだ。

シンスペクティブが取り組んでいるのは、前節で紹介したＱＰＳ研究所と同じタイプの、レーダー衛星である。シンスペクティブの特徴のひとつは、衛星で撮影したデータを販売するだけでなく、ＡＩを使ってデータを解析し、わかりやすいソリューションとして顧客に提供していることだ。

例えば水害など災害の被害状況を的確に把握できる

のをはじめ、大規模な開発ではどこにインフラを敷設すべきか、施工段階では工事の進捗状況、完成したあとは保守点検で威力を発揮する。地盤変動を時系列で観測し、解析することができるため、港湾や空港の滑走路など大規模な構造物の歪みも正確に把握できる。

同社ＣＥＯの新井元行は、「自社衛星の開発から、ソリューションの提供まで、ワンストップで行える世界で唯一の会社です」と自負する。

「こうした多様な事業を進めるために、二五カ国から集まった一七〇人以上の専門家集団が力を発揮してくれています」

そのシンスペクティブのこれまでの歩みをたどってみたい。

シンスペクティブ
新井元行CEO（提供：同社）

ハイリスク・ハイインパクト

かつて日本は「ジャパン・アズ・ナンバーワン」と称された時代もあった。しかしバブル経済崩壊後、長い不況期に入った。一方でアメリカ経済はＩＴ産業を中心に劇的に回復し、中国は世界第二位の経済大国となっている。こうした経済状況を背景に、大学や企業の研究開発費を国ごとに見ると、日本はアメリカや中国を大きく下回り、その結果として「科学技術大国」

の座は揺らいでいる。

そこで政府のとった手法が「選択と集中」だ。つまり大型の研究開発を選んで、予算を集中的に配分するというものだ。そのひとつとして二〇一四年度から二〇一八年度にかけて実施されたのが「革新的研究開発推進プログラム(ImPACT)」(以下、インパクト)である。インパクトの特徴は、「ハイリスク・ハイインパクトな挑戦的研究開発」を前面に打ち出したことだ。

慶應義塾大学大学院 白坂成功教授

予算の総額は五五〇億円で二五六件の応募があり、有識者会議で検討した結果、一六件の課題が選ばれた。そのひとつが、慶應義塾大学大学院教授の白坂成功がプログラムマネージャーとなって提案した小型レーダー衛星システムの開発だった。

衝撃のシステム工学

「中学二年生のとき、宇宙から地球を見てみたいって、単純に思ったのです。それは月から、あるいは宇宙ステーションからというよりも、目の前が全部宇宙っていうそんな宇宙から、地球を見てみたいなと」

それがなぜだったのか、考えてみても理由はわからない。

「本当に、ふと思ったのです。そのとき、どうすれば宇宙から地球を見ることができるだろうかとも考えました。宇宙飛行士になろうとかではなくて、何か宇宙のものを作ればいいのではと思って、そんな仕事に就きたいと考えました」

一九九四年、大学院で航空宇宙工学を修めた白坂は三菱電機に入社し、宇宙事業を担当している鎌倉製作所に配属された。衛星も担当し、宇宙開発の専門家としての腕を磨いていった。特に思い出に残っている仕事は、ＪＡＸＡの宇宙ステーション補給機「こうのとり」の初期設計の段階から初号機のミッションが完了するまで、そのシステム設計を担当したことだ。

「宇宙ステーションに滞在する宇宙飛行士の人命にも関わることなので、失敗が許されない。しかも部品点数は一〇〇万点を軽く超えていて、複雑かつ大規模です。そういったシステムをどうやって設計すればいいのか、ずっと考え続けていました」

三菱電機在職中の二〇〇〇年から約二年間、白坂はヨーロッパの宇宙システム企業「ＥＡＤＳアストリアム」（現在のエアバスグループの一社）に交換エンジニアとして派遣された。そのときの経験が、白坂の技術者としての考えを大きく変えることになった。

「衛星開発のやり方を刷新しようとしていた彼らを見たとき、衝撃を受けたんですよね。『何なのだろう、これは！』って。ドイツって日本と同じでクラフトマンシップが重視されていると思っていたのですが、この会社の宇宙開発に関して言うと、効率的に洗練された最新のデジタルテクノロジーを使っていました」

その背景には最新の「システム工学」という分野があり、エンジニアたちはそれを活用していたのだ。白坂も、彼らについていって学会に参加したことがある。

「一三〇〇人の参加者の中で、日本人は私ひとりでした。この分野ではアメリカが圧倒的に進んでいて、それをヨーロッパが追いかけていたという構図だと思います」

日本はというと、そうした世界最先端のシステム工学から大きく後れをとっていた。

「日本は、みんなで議論することによっていい物を作るっていうのが得意です。しかしこれだと、少人数で議論するうちはいいのですが、大規模になってくると、みんなで議論するのが難しくなってきます。宇宙開発になると規模の桁《けた》が変わって、そうなると急激に苦手になってくる」

科学は再現性が大事だと言われる。誰がやっても、インプットが同じで、プロセスが同じなら、アウトプットも同じなのがサイエンスであるという概念だ。しかし同時に、再現性のない学問も重要だと白坂は指摘する。

「設計って、同じプロセスでやっても、みんなが違うアウトプットを出します。そこで『センス』という言葉が出てきます。『センスがいい』『センスが悪い』という視点が、エンジニアリングでは重要です」

こうした属人的な面も含め、すべてをデジタルに置き換える。そうすることで、他の人が理解しやすくなり、人数が増えても伝えやすくなる。工期の管理や変更も、スピーディに行えるようになる。

白坂は、システム工学という学問の面白さに急速に惹かれていった。

「システム工学っていうのは、技術を束ねる学問なんです。機械とか電気、制御、ソフト、いろんな専門家を束ねて、トータルでシステムとして目的を満たすものを作る。それはなにも、モノ作りの分野だけに限りません。何らかの社会的な仕組み、ルール、組織体系、経営のマネジメント、これらをバラバラに設計するのではなく、トータルに設計する。つまり理系文系を問わず、専門家を束ねて横串を通すことで、新たな価値創造につながるのです」

白坂は三菱電機を退職して二〇一〇年に慶應義塾大学大学院准教授、二〇一七年には同教授に就任した。その間の二〇一五年に、インパクトのプログラムマネージャーに就いている。

防災や災害対策で重要な衛星

二〇一一年三月一一日、三陸沖を震源としてマグニチュード九・〇、最大震度七という、国内での観測史上最大の地震が発生した。被害は東北地方を中心に、関東や北海道にも及び、大津波が東日本の沿岸部を襲った。

ＪＡＸＡは地球観測衛星「だいち」により、翌日午前中から緊急観測を開始した。だいちはカラーと白黒の光学センサー、それにマイクロ波レーダーの、三つのセンサーを備えている。

さらにＪＡＸＡは、国際的な防災枠組みの「センチネルアジア」と「国際災害チャータ」に緊急支援を要請し、一四の国と地域から合わせて二七機の海外衛星による衛星データの提供を受けることができた。

被災地になかなか近づくことができない状況の中で、こうした衛星データは、人命救助や復興対策になくてはならない貴重な情報となった。

だいちはその後も撮影を続けたが、四月二二日にトラブルが発生し、二三日には通信が途絶えてしまった。実は、二〇〇六年一月に打ち上げられただいちの設計寿命は三年で、長くて五年を目標としていた。ということは、東日本大震災の起きたとき、だいちの寿命はすでに尽きていた。それでもだいちは最後の力を振り絞り、被災地の姿を日本に送り続けていたのだった。

こうして、災害発生時や復興対策における人工衛星の重要性が改めて確認されることとなった。

その一方で、JAXAがだいち後継機の「だいち2号」を打ち上げたのは、だいちが機能を喪失して三年以上たった二〇一四年のことだった。

そのとき白坂が考えたのは、一機の大型衛星に頼るのではなく、必要なときに必要な場所へ観測用の小型衛星を打ち上げることができるようにするべきではないかということだった。しかも防災や災害対策という面から言えば、雲に覆われていたり、夜間であったりしても観測できるレーダー衛星が望ましい。

しかしその頃、小型のレーダー衛星は世界のどこにも存在していなかった。太陽光を使う光学衛星と違って、レーダー衛星は自ら能動的に電波を出すため、大電力が必要となる。さらに電磁波を照射すると同時に、地球から跳ね返ってきた電磁波を受信するアンテナは一定の大きさが必要となり、それをどのように小型衛星に搭載すればよいのかも、大きな課題だった。

そこで白坂が考えたのが、システム工学の力を活かすことだった。

JAXA宇宙研教授の齋藤宏文は、レーダー衛星の小型化を研究してきた。東京工業大学教授の廣川二郎はアンテナの専門家だ。そして本書ですでにたびたび登場いただいている東大教授の中須賀は、衛星の姿勢制御や電力供給など、小型衛星のプラットフォームに関する知識とノウハウを豊富に持っている。もちろん白坂自身も、衛星作りのプロである。

こうしたメンバーが集まって、小型のレーダー衛星開発を、内閣府のインパクトに提案しようという話がまとまった。全体のまとめ役となるプログラムマネージャーは、システム工学が専門で、三菱電機で衛星作りの経験もある白坂が担当することになったのである。

それにしても、それまで存在していなかったモノを作り上げる自信が、白坂にはあったのだろうか。

「できるかどうか、わからないから〝インパクト〟なんですよ。内閣府の人に『成功確率は五〇％でいい』と言われたんです。その代わり、できたときにはすごく社会的価値があるのが前提です」

アナログ技術を活かす逆転の発想

レーダー衛星のアンテナはそれまで、フェーズドアレイアンテナ方式とパラボラアンテナ方式の二種類があった。

フェーズドアレイアンテナは複数のアンテナ素子を規則的に、平面上に配置している。各アンテナ素子の位相を変化させることで、合成された電波の方向を電子的に変更し、高速に観測対象を切り替えることが可能である。

デメリットとしては、多数のアンテナ素子を配置するため、どうしても質量が増加することだ。宇宙では質量が、地球周回軌道に投入するための輸送費に大きく影響してくる。もうひとつのデメリットは、構成が複雑になり、実際に使用する際にも複雑な操作が必要となることだ。多くのアンテナ素子を配置するということは、それらに電力を供給する電子回路、制御する電子回路、それらをつなぐハーネスなど、多くの構成要素が必要となる。さらに、それを軌道上で展開するアンテナの上に実装する必要がある。実際に軌道上で使用する際にも、多数のアンテナ素子の個体差などを補正しながら使用する必要があり、とても複雑な運用になる。小型レーダー衛星の同業他社では、フィンランドの「アイサイ」がフェーズドアレイアンテナを使っている。

もうひとつのパラボラアンテナはお椀型で、放物面を利用するため指向性が強く、電波を一定方向に集中して送受信できるのが特徴だ。アンテナ部分には電子回路がなく、衛星本体に一セット格納されている。しかしそのアンテナ形状から、小型化・軽量化や必要な面精度の実現に高度な技術が必要となる。同業他社では前節で紹介したQPS研究所、それにアメリカのカペラスペースが採用している方式だ。

これに対して白坂のプロジェクトが採用したのは、そのいずれでもない第三の方式である。それが、東工大の廣川、JAXAの齋藤が研究してきた「スロットアレーアンテナ」だ。このアンテナは、外見は平面タイプで、フェーズドアレイアンテナと同様に、折りたたみやすい形をしている。一方で電波を送受信するアンテナ素子は、パラボラアンテナと同様に一セットだけだ。

パラボラアンテナは、パラボラ面に電波を照射し、反射した電波が地球に向かっていく。スロットアレーアンテナも、衛星本体に搭載した電子回路から、電波が導波管と呼ばれる金属パイプの中を通って、平面構造のアンテナの全面に広がっていく。導波管にはスロットと呼ばれる切り抜き穴が複数備えられていて、電波が漏れ出てくる。その結果、全体として導波管に対して垂直な方向に、アンテナ効果を実現できるのだ。

「よく見るとスロットの大きさや位置が、違います。導波管の切れ目から漏れる電波が揃った形で出るようにするには、どうやって反射すればいいのか。それをスーパーコンピューターで計算した上で作っています。電波を通すため、中が空洞で軽い。ただ、その設計はものすごく難しくて、ノウハウの塊《かたまり》なんです」

スロットアレーアンテナは軽量な平面構造で折りたたみやすく、しかもアンテナ素子は一セットであるため、シンプルである。

フェーズドアレイアンテナがデジタル（電子的）に実現しているのに対し、スロットアレーアンテナはアナログ（機械構造的）なのだ。

「どちらかというと、日本はアナログが得意なので、アナログでデジタルに勝つという考え方です。もちろん設計ではデジタルを使っているのですけれども、モノ作りの技術を活かしていこうと考えたのがポイントです」

かつて白坂は西欧流のシステム工学を目の当たりにして、日本はアナログで勝っているが、デジタルで後れをとっていると感じた経験がある。その苦い思いを逆手に取って、最先端のデジタル技術も使いながら、日本の得意とするアナログ技術の良さを活かすことに成功した。いわば逆転の発想だ。

大型のスロットアレーアンテナが実現すると、その裏面を太陽電池とすることができる。このため太陽電池パドルを別に持つ必要がなくなり、ここでも小型・軽量化が図られることになる。それに比

シンスペクティブの小型衛星イメージ図（提供：同社）

例して打ち上げ費用が安くなる。複数の電子素子を使わないことで、部品代も抑えられる。これも、ＪＡＸＡ齋藤のアイデアだ。

逆転の発想が、すべて良い方向に作用した。

こうして一メートル級の分解能で、一〇〇キロ級という軽量化と高密度収納性を実現するメドがついた。量産コストも従来の一〇分の一程度に収めることができる。小型レーダー衛星の開発が軌道に乗るにつれ、白坂は起業の準備を始めた。

宇宙人脈を使って起業準備

「スピード感を持って社会実装するには、機動力のあるベンチャーを起業するしかないと考えました。内閣府も同様の意見ということで決断しました。その場合、ビジネスとして成立させるためには、人工衛星でデータを作って売ればいいという時代ではないとも思っていました」

光学衛星は、データ分析を扱っている会社はたくさんあるのだが、レーダー衛星の場合はそうではない。

「レーダーのデータを処理できる人は、災害対応の関係者か、国防関係者か、研究者しかいなかったのです」

それは、レーダー衛星が収集するデータの分析が非常に難しいことにもよる。レーダー衛星が照射するマイクロ波は対象物に侵入するのだが、その距離が、植物や土壌、水など、物質の水の含有量によって微妙に異なってくる。さらに「スペックル」と呼ばれるランダムな斑点状のノイズが入ったりすることもある。光学衛星であれば、直下を撮影すればよいのだが、レーダー衛星は常に移動しながら、地表面で反射したマイクロ波を受信するために、斜め方向に照射することになる。そうするとマイクロ波の散乱が角度によって異なってくる。こうしたこともあって、データの解析は非常に複雑になる。

このため、いまでもレーダー衛星を運用する会社はデータの収集を担当し、そのあとは専門の会社が解析するというように分業する場合がほとんどだ。しかし白坂はデータの解析まで、自社で担当するべきだと考えた。そのほうがデータを提供できる期間を短縮できるし、顧客からの依頼により的確に応えられるようになるからだ。

白坂は自らの宇宙人脈を使って、衛星を作ることのできる人、そしてAIを使ったデータ解析のできる人をスカウトした。ひとりは三菱電機の元同僚、もうひとりは日本で初めて、ディープラーニングを使って衛星データを自動解析する技術を開発した人物だ。

難航したのが、経営者探しだった。白坂は経営陣に入るつもりはなかったからだ。

「私は大学の研究が好きなので、片手間の仕事でCEOになるつもりはありませんでした」

白坂はCEOとなる人物像について、明確なイメージを持っていた。

「第一に、宇宙業界の人でないこと。これまでの宇宙業界って時間軸が長いので、スタートアップには向かないと私は思っています。第二に、技術者がやるべきでない。やはり経営には、経営という専門性がある。ただし技術に対する造詣、リスペクトは必要です。第三に、衛星は世界中をぐるぐる回るので、グローバルに対応できる人。第四に、出発点が災害対応なので、社会的な価値の重要性を認識している人。最後に、この業界はまだ確立されてないので、政府や政治家、官僚の方々と対等に議論できる人」

三高どころか五高の人材など、そうそう見つかるものではない。CEO探しを始めて半年が過ぎた頃、知人を通じて紹介されたのが、新井だった。白坂は確信した。

「この人だ！」

新井に面会した白坂は、小型レーダー衛星の必要性について力説した。しかし新井からは「少し考えさせてほしい」と、思いがけずそっけない対応をされてしまう。次に紹介するのは新井だ。

衛星データを活用したビジネスの可能性

一九七八年、東京生まれの新井元行は、大学時代はロケットエンジニアを希望していた。しかしその頃は宇宙開発が停滞していたということもあって、外資系のコンサルティングファームに入り、研究開発のマネジメントに軸足を置いたコンサルティングサービスを経験した。その中で、科学技術の社会実装に興味が向いていった。

その過程で新井は博士号を取得しようと考え、東京大学大学院に新設されたばかりの「技術経営戦略学」を専攻した。研究テーマを具体化するため、新井は五年間働きづめだった会社を辞め、バックパッカーで世界一周の旅に出た。

各地の大学で学生たちと語り合い、現場を訪問しているうち、改めて気付いたことがあった。それは、技術の出口として、一番ニーズがあるのは開発途上国だということだ。そこで、当時注目され始めた再生可能エネルギーをどのように導入すれば、開発途上国の経済発展につながるかということを研究テーマに据えた。

「結論をひとくちで言ってしまうと、いくら先進国からいい技術を買ってきても、自分の国の国力は上がらないのです。やはり、きちんと自国で生産していかなければならない」

ちょうどその頃、東大とサウジアラビア政府が共同で、再生可能エネルギーの導入に関する国際プロジェクトを検討していた。奇しくも、新井の執筆していた博士論文が、サウジアラビアの戦略とほぼ一致していた。そこで、東大の研究者としてサウジアラビア政府に三年間出向した。

それが終わると、次はアフリカで農村の電化事業に関わり、その後もアジアの水・衛生問題、東日本大震災の復興支援事業など、様々なプロジェクトに関わった。

「いろんなプロジェクトに関わって、すごくうまくいったケースもあります。そうじゃないケースもある。そういったノウハウが自分の中に蓄積するのはすごくいいことなんですが、いくら一生懸命やっても、それが広がっていかないというもどかしさがありました。なぜだろうと考えたら、データ化ができていないのです。客観的なデータに基づいて分析し、取り組んだ結果もデータとして蓄積する。それを他の国でも使えるよう、再現性を持ったかたちでプロジェクトを設計し、評価していくことができていなかった」

そのためのテクノロジーはないものだろうか。そう考えていた二〇一七年六月のことだった。

「新井さん、もともとロケットエンジニアになりたいって言ってましたね。宇宙に興味があるのだったら、白坂先生に会ってみませんか」

知人にそう声をかけられ、白坂と面会した。しかし白坂の申し出を聞いて、最初は躊躇した。

「インパクトのプログラムが、特に災害対応を目的にしていたので、ビジネスとして成立しないのではと思ったのです」

そんな新井だったが、いろいろ検討するうちに、考えを改めた。

「自分のライフワークになっていたソーシャルビジネスとか、サステナブルデベロップメント（持続可能な開発）という視点で見ると、結構いいモニタリングツールになるかもしれない」

衛星データの価値を考えたとき、「衛星ビジネス」というより、「データビジネス」だと思ったのだ。ちょうどグーグルやアマゾンで、誰でもデータ解析ができるようなプラットフォームが立ち上がってきた頃でもあった。衛星データは膨大な量になるはずだが、これを解析するプラットフォームをうまく使えば、地球全体がどういう仕組みで動いているのか、人類の経済活動が環境にどう影響を与えているのか、分析できるはずだ。例えて言えば、体重計でチェックしながら、ダイエットするようなものだ。ソーシャルビジネスやサステナブルデベロップメントを進めるためにも、衛星データは役に立つはずだ。

「それじゃ、この事業をやりましょう」

新井は白坂に、そう告げた。新井の、多様な領域での様々な経験が、最終的にいまにつながっているのだ。

地盤変動観測から被災状況観測まで

二〇一八年二月、白坂と新井はシンスペクティブを創業した。新井がCEOだ。白坂は当初、取締役に入った。いまはそれも退き、創業者という肩書のみで、経営にはタッチしていない。

同社は二〇二四年三月までで、四機の小型レーダー衛星を打ち上げている。これを二〇二四年以降、六機に増やす予定だ。六機体制になると、地球上のどこでも、一日一回はデータを取れるようになる。さらに二〇二〇年代後半までには、三〇機体制を目指している。こうなると、世界中のどこでも、ほぼリアルタイムに近いかたちで、顧客にデータを提供できるようになるという。

では具体的に、どのような情報が注目されているのだろうか。

ひとつは地盤変動の観測だ。地盤の動きがミリ単位でわかるようになっている。これは光学衛星ではできない分野だ。地上でも毎回、測量すればできないことはないだろうが、対象地域が広がれば広

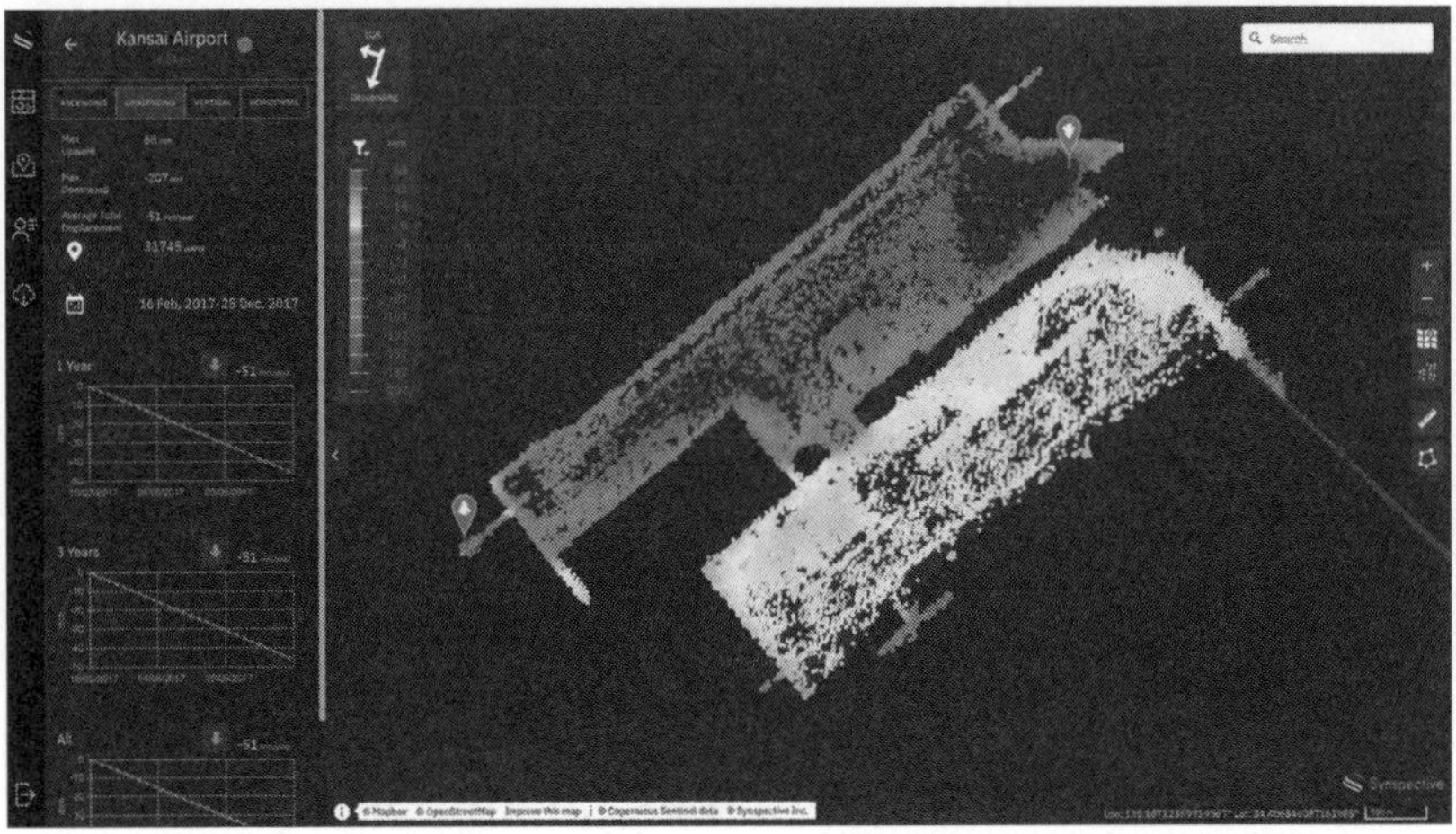

2017年に撮影した関西国際空港のレーダー画像。白く見えている部分が水面より高い地帯。画面上側の２期空港島では不等沈下が確認できる。（提供：シンスペクティブ）

がるほど、たいへんな手間と労力がかかる。地盤の変動は世界中で大きな問題となっているだけに、国や自治体だけでなく、企業からも注文が増えている。特に地震が起きたあとや埋立地などの地盤沈下対策に威力を発揮する。

物体の反射を応用するレーダーは、表面がつるつるしているか、でこぼこしているかを判別するのも得意だ。一番わかりやすいのは水面だ。このため海や河川に浮かぶ船の確認も得意だ。大規模な水害が起きたとき、厚い雲が覆っていても、浸水で通行できない道路はどこなのか、豪雨が終わったあとの全体的な被害状況はどの程度なのかなど、被害の状況を的確に把握できる。

森林がどのくらい破壊されているかや、北極の氷がどれくらい減っているかもよくわかる。新井は、災害対応はもちろん、リスクマネジメントにも効果的だと強調する。

「ずっと同じ場所でデータを取っていくと、どれぐらいインフラが歪んできたかがわかります。具体的には例えば、橋や長距離のパイプラインのメンテナンスに役立てることができます。地盤沈下や地すべりは、危険を事前に察知して、あらかじめ手を打っておくことができます。台風が来ている最中に、どこが実際に浸水しているのかもわかります」

データ収集規模が今後の課題

白坂は、レーダー衛星によるデータ収集が、世界的に見てもまったく足りていない状態だと指摘する。

「光学衛星は受光するだけなので、地球の一周に九〇分かかるとすると、その間ずっと撮ることができる。これに対して小型のレーダー衛星は電波を出さないといけないので、九〇分のうち、一分ぐらいしか撮れないんですよ。つまり光学衛星と一緒なだけ、撮ろうと思ったら、九〇倍打ち上げないといけない。さらにレーダー衛星の特色は、夜間でも、雲に覆われていても、データを取ることができることです。地球は半分が夜で、半分が雲に覆われている。つまりレーダー衛星の特色を発揮するためには、光学衛星の四倍の領域をカバーする必要があります。そう考えると、九〇倍かける四倍の三六〇倍、レーダー衛星を上げないと、光学衛星と等価にならないんですよ」

小型のレーダー衛星を運用している企業は世界でも、シンスペクティブとＱＰＳ研究所、フィンランドのアイサイ、アメリカのカペラスペース、ウンブラと、数えるほどしかない。

「一社だけでは、ユーザーが満足してもらえるデータは取れません。業界の全社が計画している人工衛星を全部足しても、まったく足りません。ユーザーに『使えるだけのデータが揃ったね』と言ってもらえるまでは、同業他社と競合しません。まだそんなフェーズに来ていないのですよ」

小型光学衛星に加えて小型レーダー衛星による観測が増え、さらには連続する波長帯を細かく観測することができる光学センサー、いわゆるハイパースペクトルセンサーにより、宇宙の目はいっそう拡充すると期待されている。

私たちは、自分の見たいものだけを見るのではなく、見たくないものも含めて、地球の現実を直視しなければならないときに来ているのだ。

第3章

宇宙で過ごす

宇宙インフラ構築

3－0

イントロダクション

宇宙インフラも官から民へ

自動車メーカーは、日本の自動車社会を支える重要な存在だが、自動車だけ作っても、自動車に乗れるわけではない。道路や駐車場はもちろんのこと、ガソリンスタンドや、電気自動車だったら充電スタンドが必要だ。遠出をしたときのレストランやホテルも要るだろう。

宇宙開発も同じである。ロケットだけでなく、ロケットを打ち上げたり、場合によっては帰還させたりするためのスペースポートがまず必要となる。国内では、一九六二年に設立された内之浦宇宙空間観測所と、一九六九年に開設された種子島宇宙センターが有名だ。いずれも鹿児島県にあり、内之浦では固体燃料ロケットのイプシロンなど、種子島では液体燃料ロケットのH2AなどをJAXAが打ち上げている。

世界のスペースポートを見てみると、アメ

リカはNASAのケネディ宇宙センターでアポロやスペースシャトルを打ち上げてきた。面積は約五六〇平方キロだ。山手線の内側が約六三平方キロだから、その九倍もある。南米のフランス領ギアナにあるフランスのギアナ宇宙センターは、ヨーロッパ宇宙機関などが使用している。面積は約九〇〇平方キロだ。ロシアが管理するカザフスタンのバイコヌール宇宙基地に至っては約六七〇〇平方キロもある。

これに対して種子島宇宙センターは、JAXAが「世界一美しい発射場」と称している日本最大のロケット発射場だが、面積は約九・七平方キロしかない。山を切り開いて造られた内之浦宇宙空間観測所に至っては、〇・七平方キロである。

その一方で、日本には海洋国家ならではの有利な点がある。国土の広さは世界で六二位だが、海岸線の長さは世界で六位だ。加えて、日本の東側と南側が太平洋である。地球の自転を利用してロケットを打ち上げるには、東側向きに打ち上げるのが有利だ。日本では海上方向に発射すればよいわけで、事故が起きた場合のリスクを少なくすることができる。

宇宙活動が商業化し、宇宙輸送の増大が見込まれている中で、スペースポートの拡充は、日本にとって急務である。しかも経済波及効果が大きい。例えば、ケネディ宇宙センターのあるフロリダ州には航空宇宙関連の企業が集積し、同時期にディズニーワールドが完成したこともあって、観光も含めて地元経済は急速に発展した。ロケットの発射場ではないが、マーシャル宇宙飛行センターのあるアラバマ州ハンツビルは、アポロ計画をはじめとするアメリカ宇宙開発の拠点として有名で、以前と比べて人口が急激に増加している。スペースポートには大規模な敷地があれば望ましいが、平野が少なく、人口密度が高い日本で、広大なスペースポートを確保するのは難しい。しかし急速に発達した情報インフラを活かせば、既存の施設を利用した分散型のネットワーク構築も考えられる。スペースポートを海上に建設する構想も有力な候補となるだろう。

本章では、スペースポートを中心に、宇宙ステーションも含めた宇宙インフラを紹介したい。

3－1

大分空港スペースポート構想

大分県、シエラ・スペース、兼松

宇宙船「ドリームチェイサー」

「ドリームチェイサー」、日本語に訳すと「夢追い人」は、アメリカの宇宙関連企業「シエラ・スペース」が開発中の、再利用可能な宇宙船だ。全長は約九メートル、全幅約八メートル、重さ一一トン（貨物専用機の場合）で、スペースシャトルの四分の一ほどのサイズだ。機体後方に小さな三角翼を持つ姿は、スペースシャトルを連想させる。ベースとなっているのは、NASAのラングレー研究所がスペースシャトルを補完する低コストの代替機、または緊急救助用のバックアップ機として開発を続けてきたHL－20と呼ばれるコンセプトモデルだ。

ドリームチェイサーの三角翼は、打ち上げ時にはロケットの先端部分に収納できるよう折りたたみ式になっている。宇宙に放出されると翼と太陽光パネルを開き、地球低軌道目的地である「宇宙ステーション」に

宇宙往還機ドリームチェイサーのイメージ図（提供：シエラ・スペース）

向かう。地上への帰還時には完全自動飛行で、グライダーのように滑空する。再突入時のスピードはマッハ二程度、加速度は一・五G未満にとどまるため、搭乗する人に大きな負担はかからない。ちなみに従来の宇宙船だと、六G程度の加速度がかかることが多い。ということはセンシティブなサンプルも激しい振動を受けることなく、安全に持ち帰ることができる。機体は少なくとも一五回の再利用ができるように設計されており、再利用する上でも穏やかな着陸は有利に働く。シエラ・スペースと業務資本提携を結ぶ総合商社、兼松で航空宇宙関係を担当する高田敦は「スペースシャトルに比べて再利用のコストが大幅に削減される」と、そのメリットを強調する。

「スペースシャトルで問題だったのが耐熱タイルの交換で、想定以上に再利用のコストがかかりました。ドリームチェイサーは機体が小さいのと技術の進歩で、一部のタイルを張り替えるだけで済みます。接合部にボルトを使わない最新技術で軽量化も進み、コストは再利用すればするほど安くなるという、非常に考えられた設計になっています」

無人で運用する貨物専用機は、科学実験に使う物資、それに水や食料など、最大で約六トンの貨物を、シューティングスターと呼ばれる貨物モジュールも使いながら宇宙ステーションに配送する。

帰還時は、ドリームチェイサー本体に約一トンの荷物を搭載できる。

二〇二六年以降には、最大で七人が搭乗できる有人型のドリームチェイサーを計画している。

宇宙ステーションで生じたゴミは、シューティングスターに積んでドリームチェイサーから分離し、シューティングスターごと大気圏で安全に燃焼させることもできる。

ドリームチェイサーの開発はすでに最終段階を迎えており、シエラ・スペースのウェブサイトによると、二〇二三年三月にはＪＡＸＡ宇宙飛行士の古川聡が同社の施設で、同僚の宇宙飛行士と共に、ドリームチェイサーに搭乗する際の訓練を受けた。その内容は、実物大モックアップで内部構造や操作方法を確認し、国際宇宙ステーションにランデブーしたり、安全に積み荷を扱ったりする手順を確認するものであった。

ドリームチェイサーを開発するシエラ・スペースは、航空機や宇宙機開発大手のシエラネバダコーポレーションが、二〇二一年に宇宙開発部門を分離独立させたものだ。日本ではあまり馴染みのない企業だが、シエラネバダコーポレーション時代から数えると、三〇年以上にわたる宇宙開発の歴史を持っている。

宇宙関連企業の資金調達状況を見ると、二〇二一年の民間投資額は世界全体で一四五億ドル、このうち一四億ドルを調達して資金調達世界一となったのがシエラ・スペースだ。[*1] 歴代を見ても二番目という規模である。

二〇二三年九月には、三菱ＵＦＪ銀行と兼松、東京海上日動、それにシエラ・スペースが、アジア太平洋地域における戦略的パートナーシップ契約を締結し、日本側三社はシエラ・スペースに出資したと発表した。

シエラ・スペースはＮＡＳＡと国際宇宙ステーションへの物資補給契約を結んでいるほか、アメリカ国防総省と共同研究契約を締結している。いまやシエラ・スペースは、アメリカの新興宇宙関連企業の中でスペースＸに次ぐ存在感を示している。

ドリームチェイサーの最初の打ち上げは、ボーイングとロッキード・マーティンの合弁企業である「ユナイテッド・ローンチ・アライアンス」が、最新ロケット「ヴァルカン・ケンタウロス」で行うことになっている。

宇宙からの帰還時には、グライダーのように滑空して地上の滑走路を目指すことになる。その着陸候補地のひとつに選ばれているのが、大分空港だ。

垂直発射するロケットや水平離着陸するスペースプレーンなど、宇宙機が離発着するための施設をスペースポート、日本語では宇宙港と言う。つまり、大分空港にドリームチェイサーが着陸するようになれば、大分空港はスペースポートにもなるのだ。

母機から発射されるランチャーワン（提供：ヴァージン・オービット）

ヴァージン・オービットの破綻

実は、大分空港をスペースポートとして活用する構想は、シエラ・スペースが初めてではない。最初に手をあげたのが、アメリカに本社を置く「ヴァージン・オービット」だ。その名前からわかるように、同社はイギリス人の実業家、リチャード・ブランソンが創設したヴァージン・グループの一員で、二〇一七年にヴァージン・ギャラクティックから分社して設立された。ヴァージン・ギャラクティックは第一章「日本版スペースプレーン」の節でご紹介したように、二〇二一年にブランソンらを乗せて有人宇宙飛行に成功している。

ヴァージン・オービットはボーイング747を改造した母機「コズミックガール」から高度約一万メートルで空中発射される小型ロケット

「ランチャーワン」で、二〇二一年から小型人工衛星の打ち上げを行ってきた。

同社はアメリカのみならず、世界で人工衛星の打ち上げを受注しようと計画した。日本では大分空港を打ち上げ拠点として母機を離発着させることとし、二〇二〇年四月に大分県との提携を発表した。大分県としては新規に建設する地上施設が最小限に抑えられ、既存の空港を提供することで観光や宇宙関連産業の振興につながると大歓迎した。

ところが、ヴァージン・オービットは二〇二三年一月の打ち上げに失敗したのを契機に資金繰りが急速に悪化し、同年四月に経営破綻してしまったのだ。同社は巨大なヴァージン・グループの一員だから、グループとして資金提供ができなかったとは思われない。ではなぜ破綻したのかと言うと、ロケット打ち上げ市場の競争が激化する中で、同社の打ち上げコストが割高となり、損失が膨らんで将来性が見込めなくなったため、ブランソンが見切ったということなのだろう。

スペースポートの実現に向けて盛り上がっていた大分県にとっては災難だったが、傷口は最小限で抑えられた。第一に、まだ計画段階だったこと、第二はシエラ・スペースの存在である。

大分空港をスペースポートに

二〇二二年二月、大分県とシエラ・スペース、それに兼松の三者は、大分空港をドリームチェイサーのアジア拠点として活用するための検討を進めるパートナーシップを締結したと発表した。これを踏まえて安全性や環境への影響、それに経済波及効果なども含めて検証することになった。

海に面した大分空港（提供：大分県）

大分空港は、九州北東部の国東半島沿岸海域を造成して作った空港である。

シエラ・スペースは、二〇二六年後半には、自社独自の宇宙ステーション「パスファインダー」を打ち上げる予定だ。「パスファインダー」はすでに国際宇宙ステーションでも実証されたインフレータブル（膨張できる）なモジュールを設計基礎としており、宇宙服なども開発している米国のＩＬＣドーバー社と開発を進めている。また、太陽光パネルやラジエーター、宇宙飛行士が滞在するための生命維持装置関連はすべて自社で設計・製造できる強みを有している。近い将来には「パスファインダー」から大分空港に降り立つ可能性もある。

ではなぜ、ヴァージン・オービットやシエラ・スペースが日本での拠点として大分空港を選んだのだろうか。

第一に大分空港は、ドリームチェイサーの着陸に必要な三〇〇〇メートルの滑走路を有している点だ。国内には空港が約一〇〇カ所あるが、三〇〇〇メートル以上の滑走路を有するのは、拠点空港を中心に一九空港しかない。

第二に、人口密度の高い日本は土地開発が進んでいるため、運用にあたって安全区域が取りやすい海上空港が望ましい。陸地を延長した大分空港は一般的に海上空港とは呼ばれないが、敷地の大部分が埋め立て地で、その周囲は海域である。

ドリームチェイサーが着陸する時期の前後は、多くの関係者が大分空港に訪れると予想される。大分県には別府温泉をはじめとする観光宿泊施設が多数あり、既存の施設で受け入れが可能だ。関連する研究会や学会が開かれても対応できる。ドリームチェイサー目当てに観光客が押し寄せることも期待される。

シエラ・スペースがドリームチェイサーを日本で運用するようになれば、保守整備や点検が必要となり、場合によっては部品調達を行う必要が出てくるかもしれない。これについても、大分地域ではモノ作り産業の集積がある。鉄鋼や石油化学などの重化学コンビナートをはじめ、自動車や精密機器、医療機器など様々な企業が立地している。九州工業大学の人工衛星作りに大分の企業が参加したり、衛星データを利用したビジネスを展開するベンチャー企業が大分に立地したりするなど、宇宙産業とも無縁ではない。

シエラ・スペース副社長のジョン・ロスは二〇二二年七月、大分空港を視察し、「海に面していて十分な広さがある。(飛行機で) 混み合っていない」と高く評価した。[*2]

加えて大分空港には、別の地の利もある。ロスは「帰還したドリーム・チェイサーを種子島宇宙センター（鹿児島県）から再度打ち上げて、大分空港へ帰還させる構想も明らかにした[*2]」のだ。大分から鹿児島に運ぶのであれば同じ九州内で、運搬は比較的容易である。

そうなると、日本から打ち上げ、日本に帰ってくることも可能となる。ドリームチェイサーは宇宙ステーションへの物資の輸送がメインのミッションだが、日本の企業や研究者にとってもメリットがある。国内の打ち上げでは、人工衛星や研究機材などの物資を海外に送り出す煩雑な手続きを省略できることになる。帰還では、宇宙ステーションで実験した結果を、日本の施設ですぐに観察できるようになる。特にマウスなどの生物を使って宇宙で実験した場合、いまは研究者がアメリカに機材を持ち込んで解析しなければならない。そうした制約がなくなるメリットは、研究者にとって非常に大きなものがある。

大分県先端技術挑戦課主幹の江藤憲幸は、ドリームチェイサーの就航実現を心待ちにする。

「最初は降りるだけですが、将来的には日本から打ち上げて、日本に降りる。だから日本だけではなく、アジアの市場を当然考えていると思います。大分空港は国際線に対応できますので、ドリームチェイサーをきっかけにアジア各国とチャーター便や定期線が就航するようになれば、という期待もあります」

三菱ＵＦＪリサーチ＆コンサルティングは、ドリームチェイサーの大分空港利用が実現すれば、大分県内では約三五〇億円、日本全体では約三五〇〇億円の経済波及効果があると試算している。

（右）SNSで発信した宇宙人のメッセージ
（左）宇宙人向けに作ったトイレ案内（いずれも提供は大分県）

地元経済盛り上がりへの期待

こうした動きに対し、地元では宇宙船就航のニュースに対して歓迎ムードがほとんどだ。

大分県は「宇宙ノオンセン県オオイタ」をキャッチコピーに、宇宙規模で愛される「オンセン県」を目指しながら、観光やグルメで宇宙をからめたPR活動を行っている。

地元の温泉街では期間限定で「宇宙人割」を作り、「宇宙人です」と名乗った人に対して割引するサービスを実施した。

地元の人たちで作っている「宇宙人観光推進委員会」では、「私たちは宇宙人の方を歓迎します！」というステッカーを作って、歓迎ムードを盛り上げる。

地元経済界は二〇二一年に、一般社団法人「おおいたスペースフューチャーセンター」を設立した。民間主体で宇宙関連産業の創出や人材育成を目指している。
もちろん課題もある。そのひとつは、ドリームチェイサーが大分空港に乗り入れるための法整備だ。これについては第四章「宇宙法」の節で詳しく述べることにしたい。

*1　二〇二三年一月二〇日付、日本経済新聞
*2　二〇二二年七月二七日付、毎日新聞

3－2

目指すは宇宙版シリコンバレー

北海道スペースポート

スペースコタン

国の施設以外ではスペースポートとして最も古い歴史を持つのが「北海道スペースポート」である。

そもそもは一九八四年、北海道東北開発公庫（現在の日本政策投資銀行）が「航空宇宙産業基地構想」を発表したのがきっかけで、北海道大樹町が航空宇宙実験の誘致を行った結果、一九九五年に一〇〇〇メートルの滑走路を持つ「大樹町多目的航空公園」が開設された。大樹町は北海道南部にある十勝地方の南端近くに位置し、東方向と南方向が太平洋だ。ロケットは地球の自転も利用して打ち上げるため、基本的に東側、または南側が開けている必要がある。付近に人口密集地もなく、ロケット打ち上げに適した環境だ。

一九九八年には科学技術庁航空宇宙技術研究所と宇宙開発事業団（現在のＪＡＸＡ）などが研究開発していた再利用可能な宇宙往還機ＨＯＰＥの着陸に関する基

礎実験が行われた。JAXAは大気球実験も行っており、大樹町で高度五三・七キロ到達の世界記録を出したこともある。

北海道スペースポートを利用しているのはJAXAをはじめ、民間単独開発のロケットとしては国内で初めて宇宙空間に到達したインターステラテクノロジズ、スペースプレーンの開発を進めているスペースウォーカー、さらには三菱重工や川崎重工、大学では北海道大学や室蘭工業大学など、国や民間、企業や大学を問わず、開発や試験を含めた航空宇宙に関係する実験を受け入れている。施設を保有するのは大樹町だが、二〇二一年に北海道スペースポートの企画運営会社としてSPACE COTAN（以下、スペースコタン）が設立され、いわゆる上下分離方式で運営が民間に委託されることになった。そのCOOである大出大輔に話を聞いた。

スペースコタン 大出大輔 COO
（提供：同社）

一九九一年生まれの大出は、サッカー少年だった。しかし高校一年のとき、練習中に足を骨折してサッカーを断念した。無念の思いを勉強に向け、大学と大学院で建築学を修めたのち、ゼネコンの大林組に入社した。入社三年目で研究所勤務のとき、上司からの勧めで、大林組がスポンサーでもある内閣府のS-Booster 2018に応募した。宇宙を活用したビジネスアイデアコンテストである。提案したのは人工衛星で「地球内部のCTスキャ

上空から見た北海道スペースポート（提供：スペースコタン）

ン」。地球内部のデータが詳細にわかれば、地下資源の探査や、地球の活動による災害の防止など、無限の利用価値がある。大出のプランは、宇宙から地球に降り注ぐ宇宙線を用いて、人間をCTスキャンするように、地球をスキャンすることで地球の地下構造を明らかにし、より豊かで安心安全な社会を目指そうというアイデアだ。最終審査の結果、一〇年以内の事業化を目指す「未来コンセプト賞」を見事に受賞したのだ。

社内でも評価されて、民間ロケット事業者との協業プロジェクトなどを担当するようになった。宇宙業界とも関わりが深くなった二〇二〇年、共同研究をしていたインターステラテクノロジズからの紹介を受け、大樹町からCOO就任を打診されたのだ。

実は大出はその頃、東京にマンションを三五年のローンで買ったばかりだった。しかも妻は妊娠三カ月。周囲からは「いま大企業を辞めるべきではない」と諭されたが、「日本が世界に勝ち、再び経済成長できる最大のチャンス」と、依頼を受けることにした。

スペースコタンのメンバーは現在八人。大出が主に担当しているのは、ロケット事業者の打ち上げプロジェクトの成功に向けたマネジメント業務、さらに大樹町が事業主体であるロケット発射場整備や滑走路の延伸などの資金集めだ。

その成果として全国的に注目を集めたのが、企業版ふるさと納税だ。企業版ふるさと納税とは、企業が自治体の計画する「地方創生」に関する事業に納税というかたちで寄付するもので、法人関係税が最大で約九割控除されるというメリットがある。一方で個人の行うふるさと納税とは違い、返礼品の受け取りなど、経済的利益を受けてはならないという決まりがある。さらに自社の本社が所在する自治体への寄付は、この優遇税制の対象とはならない。

大樹町は、二〇一六年に始まったこの制度を活用してスペースポート構想を推進する計画を立てた。企業版ふるさと納税を利用したスペースポート構想は、日本で初めての取り組みである。しかもスペースコタンが設立されたときのふるさと納税額は一億円にも満たない状態だった。そこから大出の奔走が始まる。

前述したように北海道スペースポート構想は歴史が長く、北海道や北海道経済連合会、NPO法人の北海道宇宙科学技術創成センターなど、多くの支援者が存在する。大出は彼らや大樹町の担当者と一緒に、道内はもとより首都圏も含め数百社の企業を行脚する。こうした面会を通してプロジェクトの意義や、スペースポートを核とした地方創生、経済活性化といった目指す未来についての共感を広げていった。

企業に対する経済的還元は禁止されている中で、よその企業が大樹町を納税先に選ぶインセンティブをどのように作ればいいだろうか。そこで大出が考えたアイデアが、大樹町に寄付をしてくれた企業どうしをつなげる、新たなコミュニティを創ろうというものだった。企業にとって、社会貢献をPRできるだけでなく、新たなビジネスチャンスの開拓にもつながるはずだ。

その結果、ロケット発射場や滑走路、格納庫を中心とした北海道スペースポートの施設整備などの費用として、二〇二二年度までの三年間で約九億円、発射場整備以外を含めると北海道スペースポートプロジェクト全体で約二二億円を集めることができたのだ。二〇二二年度には、この税制で顕著な功績を上げた全国三自治体のひとつとして大臣表彰を受けたほどだ。所管する内閣府では表彰の理由について「寄附等を通じてつながりをもった80近い企業などをサポーターとして組織し、定期的にプロジェクトの進捗を報告するなど、継続的な関係を構築。町内の宇宙関連産業に若者が就職・移住することで、人口減に歯止めがかかり始めている」と説明している。大樹町にふるさと納税をしてくれた企業はすでに一三〇社を超えている。それも宇宙関係にはこれまで関わりのなかった企業がほとんどだが、これを契機にスペースコタンと新たな取り組みを始める企業も出始めた。その一例として、電気料金の支払いを通じて宇宙開発の支援ができる「宇宙でんき」を、スペースコタンは北海道電力と共にスタートさせている。

予定しているひとつ目のロケット発射場の整備費約二三億円の半分については国の地方創生交付金も獲得でき、予算の確保は順調に進んでいるが、現在も企業版ふるさと納税の目標額達成に向けて資金集めに奔走している。

いずれは、三〇〇〇メートルの滑走路を整備したい考えだ。スペースコタンは、海外の宇宙企業誘

北海道スペースポート完成イメージ図（提供：スペースコタン）

致にも力を入れることにしており、滑走路の延伸が実現すれば、ドリームチェイサーも着陸できる環境が整うことになる。また、ロケット打ち上げに対しても、人や物資の直接の輸送に大きなメリットが生まれる。将来的には、海外の都市と日本を、宇宙空間を経由して結ぶP2P輸送が期待されており、P2Pに対応する国際宇宙港としての発展も計画している。

スペースコタンが目指している未来像が、宇宙に関する様々な産業が大樹町内に集積する「宇宙版シリコンバレー」だ。ロケットやスペースプレーンの利用だけでなく研究開発、観光など、宇宙をテーマにした地方創生である。スペースコタンによれば、北海道内への年間の経済波及効果は観光客の増加が一七万人で、雇用創出は二三〇〇人、経済効果は二六七億円と試算している。

「あらゆる成長産業の中でも宇宙、特にスペースポートという分野は、海に開かれた日本という地理的優位性を活かせる分野です。国際空港は韓国などにハブ空港の座を奪われてしまいましたが、宇宙輸送の分野で日本がハブの立場を取ることができれば、日本は世界に対して大きなプレゼンスを発揮できると思います。そういう未来を創るためにいま、スペースポートに取り組んでいます」

日本が再びアジアで最大の玄関口となる日を目指して、大出の挑戦は続く。

3－3

日本各地に宇宙港を

スペースポートジャパン

スペースポートの拡充が課題

現在、日本で稼働しているスペースポートは鹿児島県の種子島宇宙センター、内之浦宇宙空間観測所、北海道スペースポート、それにスペースワンが建設した和歌山県の「スペースポート紀伊」の四カ所。具体的な計画が進んでいるのが、ＰＤエアロスペースが飛行試験場とする沖縄県の下地島空港、それに大分空港の二カ所である。

この他、日本郵船が海上スペースポート計画を公表している。船舶をロケット発射場や回収場にすれば、天候のよい場所や日時を選んで打ち上げや回収ができるというわけだ。

スペースコタンの大出が応募したときのS-Booster 2018で、最優秀賞・大林組賞を受賞したのが、既存の海洋掘削施設を活用した「ロケット海上打ち上げ」だ。提案した森琢磨は「ASTROCEAN」を起業し、

スペースポートジャパン
山崎直子代表理事

小型ロケットの発射場を海上に造るプランの実現を目指している。

こうしたスペースポートの振興を目指して活動しているのが一般社団法人「スペースポートジャパン」だ。各地のスペースポートはもちろん、宇宙産業に関係する企業や大学などがメンバーとなっている。代表理事は元ＪＡＸＡ宇宙飛行士の山崎直子だ。

アメリカでは二〇一五年にＧＳＡ＝「グローバル・スペースポート・アライアンス」が設立された。世界のスペースポート関係者が集い、共通する課題や対応策について議論するコミュニティだ。

二〇一七年にはアメリカのスペースＸが、大型ロケット技術を活かして世界の主要都市を結ぶＰ２Ｐ構想を発表した。同社によれば、飛行機では約一五時間かかるニューヨーク・上海間を三九分で結ぶという。地球上のどんな地点も一時間以内で行けることになる。早ければ二〇二〇年代にも実現したい考えだ。もしこれが実現すれば、日本の都市戦略においてもスペースポートの充実が早急に求められることになる。そこで山崎らが、国内でもスペースポート建設の動きを加速させていこうと、二〇一八年にスペースポートジャパンを設立したのだ。

「各地でいろいろなスペースポートの取り組みが先行してはいました。ただ、個別にやっていると法整備や環境整備も含めて、動きをなかなか加速できません。オールジャパンというと大げさですが、スペースポートに対する期待が高まっているということを内外に示す必要があります。スペースポートジャパンは、そのための非営利型プラットフォームです」

スペースポートジャパンの仕事のひとつは、スペースポートや宇宙産業に関する情報を集約し、関係者と共有したり、政府や自治体などに要望したりすることである。実は日本の拠点を探していたヴァージン・オービットやシエラ・スペースをサポートしたのも、スペースポートジャパンなのだ。

「スペースポートを複数の宇宙機でシェアしたり、P2Pで国境を越えて乗り入れたりする時代になっていきます。そうしたスペースポートを選定したり整備したりするときには、アメリカの宇宙機に関しても詳細な技術情報が本来は必要なのですが、宇宙機輸送に関しては軍事機密に関わる部分もあるため、最終的には宇宙輸送に関する法的な枠組みを作って、国どうしで特別な技術協定を結ぶことが必要になってくるんですね」

すでにアメリカはイギリスやニュージーランド、ブラジル、オーストラリアなどと、そうした協定を結んでいる。

「実は、以前にはロシアやカザフスタンとアメリカが協定を結んでいます。日本も国際戦略が必要なときに来ていると思います」

FAA＝連邦航空局から認可されているアメリカのスペースポートの一四カ所を含め、すでに稼働しているスペースポートが世界で約三〇カ所、今後の建設予定が約三〇カ所程度あると見られている。

スペースポートジャパンは二〇二〇年に「スペースポートシティ構想図」を発表した。施設は「宇宙に旅立つエリア」「宇宙を体感できるエリア」「未来に触れるエリア」のカテゴリーに分けられ、世

スペースポートシティのイメージ図（©2020 canaria, dentsu, NOIZ, Space Port Japan Association.）

界で最も早いデリバリーサービスや宇宙仕様のトレーニングジム、スペースディスコ、宇宙ファッションショーなど、二四の提案が出されている。

その狙いを山崎は次のように説明する。

「スペースポートの将来像を視覚化していこうという中で、いろいろなアイデアを取捨選択するというよりはむしろ、アイデアを幅広く紹介することで、可能性を提示しようというものです。スペースポートは人工衛星の打ち上げや、宇宙に行くだけではなく、周辺の産業と一緒になってまちづくりをしていくということを打ち出すために作りました」

今後、国内でどのような場所にスペースポートが求められるのだろうか。

「都市間輸送を考えると、地方中核都市に複数のスペースポートがあることが望まれるとともに、やはり首都圏にもスペースポートができることが望ましいと思っています。それがどこかというのは、まだまったくわかりませんし、場合によっては海上ということもあるかもしれないと思っています」

中国やインド、韓国をはじめ、アジア太平洋地域でも、宇宙開発とスペースポートの取り組みが活発になってきている。日本が宇宙開発にどう向き合っていくべきなのか、国民全体のコンセンサス作りを急ぐべきときに来ている。

3 — 4

宇宙ホテル

清水建設

スペースポート紀伊

第一章でご紹介した「スペースワン」は、キヤノン電子、清水建設、ＩＨＩエアロスペース、それに日本政策投資銀行の四社が出資して立ち上げた小型ロケットの打ち上げサービスだ。会社設立後も四社は、それぞれの強みを活かしてスペースワンに協力している。このうち清水建設は、小型ロケット「カイロス」の組み立てと打ち上げを行う発射場「スペースポート紀伊」の設計と施工を担当した。施設が完成したあとも、運用やメンテナンスに加わっている。

清水建設がスペースワンに参画した狙いについて、同社フロンティア開発室宇宙開発部長の金山秀樹は次のように説明する。

「第一に衛星の小型化がどんどん進んできました。第二に、衛星の膨大な情報をクラウドやＡＩの利用で処理できるようになりました。こうしたことから、宇宙って商売になるかもしれないと考え始めたのです」

その背景には、日本を取り巻く厳しい経済環境がある。

「日本は人口減少が続く中で、建設事業でもこれまで通りの伸びを期待することは難しい状況です。ということは、非建設事業を伸ばしていく必要があります。そこで、非建設事業のひとつに宇宙も位置付けてみようという話になったわけです」

スペースポート紀伊で、スペースワン以外のロケットを打ち上げることは可能なのか。

「ロケット発射台はカイロス専用です。それにロケットの性能に合わせて保安距離をとっているので、他社のロケットを打ち上げられるかというと難しい。JAXAのイプシロンまで大きくなると、打ち上げのたびに国道を閉鎖し、JRを止めなければなりませんので、無理です」

スペースポート紀伊の建設を担ったことで、将来的にさらなるスペースポートの建設を検討しているのだろうか。

「それは、我々も思い描いているところがあります。民間のロケット発射場をゼロから作り上げ、運用も一緒にやっているというノウハウは、その内容を具体的には話せませんが、非常に貴重なものがあります。北海道スペースポートの新しいロケット発射場建設工事で、我が社も参加した共同企業体が選定されたのも、そういう部分に対する評価もあるのではと思います」

太平洋スペースポート構想

実はいまから四〇年近くも前、大規模なスペースポート構想が、日本の民間企業によって提案されたことがある。清水建設、日商岩井、三菱重工、三菱電機、日本電気、東芝、それに日本興業銀行の七社が参加して一九八七年、「太平洋スペースポート研究会」が発足したのだ。これは一九八五年にハワイで、日本ロケット協会とAAS=アメリカ宇宙航行学協会の共催によるシンポジウムが開かれ、元経済企画庁長官の近藤鉄雄が「二一世紀初頭に『太平洋宇宙センター』を建設すべきである」と提唱したことなどを踏まえて、構想を具体化しようとしたものだった。

それによれば、各国が独自にスペースポートを保有するのは効率的ではなく、ロケットの発射に有利とされる赤道付近で各国が共同し、どこの国にも属さないスペースポートを実現すべきだと提案している。総面積は五〇〇平方キロで、ケネディ宇宙センターと同程度、開発投資額は六兆円と予測している。[*1]

単にロケットを発射するだけでなく、宇宙往還機の離発着場、宇宙開発に関連する企業や研究施設も集積したスペースポートシティ造りを狙ったものだった。やがて日本のバブル経済が崩壊し、太平洋スペースポート構想も自然消滅するかたちとなってしまった。しかしアジア太平洋地域がひとつになって宇宙利用を目指すという壮大なプランは、ひとつの理想的なスペースポートの在り方を示しているように思われる。

一般客が滞在する「宇宙ホテル」構想

太平洋スペースポート研究会が発足したのと同じ一九八七年、清水建設は建設業界の中でもいち早く、宇宙開発の担当部署を立ち上げた。それが「宇宙開発室」だ。

一九八七年といえば、日本の国民総生産がアメリカを抜き、世界第一位となった、日本経済が絶好調の頃だ。安田火災海上保険はゴッホの「ひまわり」を約五三億円で落札し、NTTは上場した。宇宙に目を転じると、前年の一九八六年にはソ連が世界初の長期滞在型宇宙ステーション「ミール」を打ち上げている。ミールはモジュールを追加して大型化できるようになっていて、宇宙飛行士の長期滞在実験を行った。一九九〇年にTBSの秋山豊寛が一週間滞在したのがミールだった。

当時の清水建設技術顧問で、NALロケット部長や、NASDAシステム計画部長などを歴任した黒田泰弘は、建設業界が宇宙に進出する意義について、次のように書いている。

「宇宙開発において建設業者の担当する分野は（中略）決して主流とは言えないし、業界も宇宙に対してそれほど深い関心を抱いていたわけでもなかった。（中略）ところが、最近に至り、日本でも有人宇宙飛行に関する計画を進めようということになって、俄然状況が変わってきた。（中略）将来は宇宙ステーションの発展に伴い、さらに長期間かつ多人数の宇宙滞在が実現していくものと予想される。そして、やがては人間が宇宙に住む時代もやってくることになるであろう。（中略）人間が住むための快適な環境作りは、建設業者の本来業務の一つであり、最も得意とするところである。昨今、

宇宙ホテルのイメージ図。リングの直径は140メートル（提供：清水建設）

建設会社が宇宙開発に取り組むようになってきた要因の一つは、ここにあると思われる」[*1]

清水建設の宇宙開発室には建築設計や構造解析はもちろん、土木工学やロボット工学、法律などのスペシャリスト一四人が社内から集められた。

一九八九年、清水建設は「宇宙ホテル」構想を発表した。宇宙ホテルは、宇宙ステーションを商用利用する一形態と言える。黒田の言う通り、宿泊施設は建設業界の担当分野だ。その概要を見てみよう。

大きく分けて四つの部分から成り立っている。最下部はスペースプレーンが発着するためのプラットフォーム、中央部はレストランやロビー、ホールなどホテル内の公共的な施設、その上が、リング状の客室部分、最上部はホテルへのエネルギー供給を

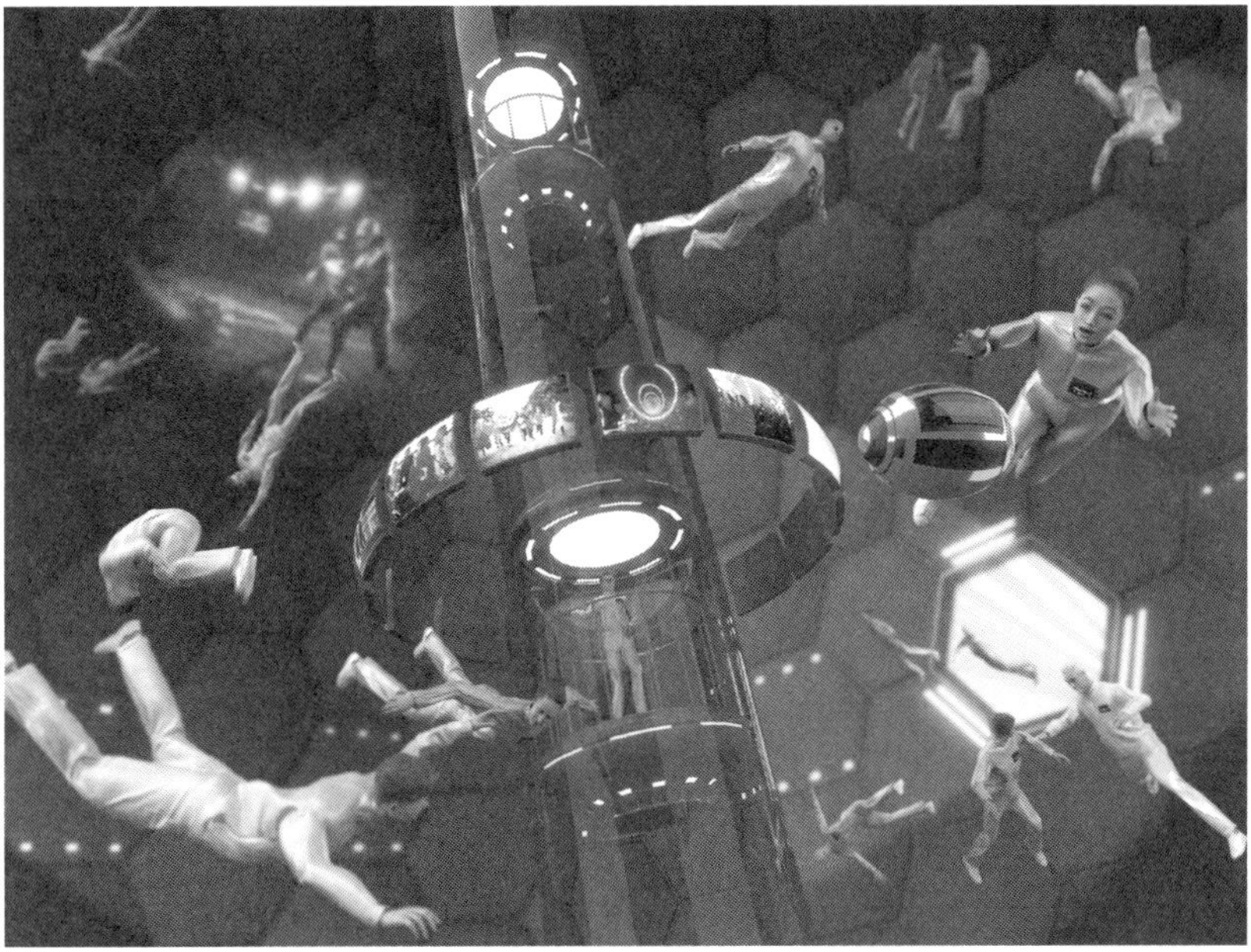

パブリックゾーンのイメージ図（提供：清水建設）

行うための太陽電池パネルを含めたコントロール部分。上から下までの全長は二四〇メートル、客室が連なるリング状の部分の直径は一四〇メートルもある。国際宇宙ステーションは全長七三メートル、全幅一〇八メートルだから、宇宙ホテルの全長は国際宇宙ステーションの三倍以上もある。

リング状になった客室部分は人工重力を発生させるため、一分間に三回の速さで回転させる。そうすると客室内では〇・七Gの重力を感じることになる。これは宇宙滞在の訓練を受けていない一般の観光客が快適に滞在できるようにするためだ。シャワーや洗面所などで水の扱いが容易になる。客室数は六四だ。

一方、宇宙の無重力環境を体験したいときは、中央部の公共部分に行けば、無重力ならではのゲームやスポーツなどを楽しむことができる。

投入される軌道は地上約四五〇キロで、国際宇宙ステーションの約四〇〇キロとほぼ同じだ。

課題はもちろんたくさんある。

最大のハードルは、輸送コストだ。宇宙ホテルの総質量は数千トンと予想される。仮に宇宙への輸送コストを一キロ一〇〇万円と仮定しても、数千トンの物資を輸送するのに数兆円かかることになる。

仮に輸送できるとして、巨大な宇宙ホテルを完成形で運べるロケットなど存在しないから、個別に運ばれたモジュールを宇宙で組み立てることになる。しかし無重力空間では、地上のようにクレーンは使えない。巨大なパーツをどのように正しく組み立てるかも難問だ。

さらに宇宙放射線対策や、国際問題にもなっているスペースデブリ（宇宙ゴミ）との衝突をどう回避するのか。課題は山積している。

清水建設は、宇宙ホテル構想を発表した前年の一九八八年にはコンクリート製の「月面基地構想」を発表している。日本がアルテミス計画に参加することもあって、清水建設は月面基地の建設に向けた研究を先行させている。これについては第七章で紹介することにしたい。

国際宇宙ステーション退役後の宇宙ステーション

現在運用中の国際宇宙ステーションは、一九九八年から軌道上での組み立てが始まり、二〇一一年に完成した。当初の運用予定は二〇一六年までだったが、アメリカのオバマ政権が使用期限を二〇二四年に延長した。その後、さらに予定を変更して二〇三〇年まで運用されることが決まっている。

　このように国際宇宙ステーションの退役が先送りされているが、設計自体が古いためにシステムの効率が悪く、老朽化が目立つようになってきている。これまでに総額一〇兆円以上が費やされたという経緯があり、より少ないコストで効率的な運用を求める声がアメリカ政府内でも強まっている。

　そこでNASAは国際宇宙ステーション退役後の対策を急いでいる。二〇二一年七月に「商用地球低軌道開発プログラム」の公募を開始し、応募した一一事業者の中からブルーオリジン、ナノラックス、それにノースロップ・グラマンの三事業者を選定したと同年一二月に公表した。二〇二二年度から二〇二五年度の間に、三事業者に対して総額四億一六〇〇万ドルを投資する。NASAは最終的に、一事業者を選ぶことにしている。いずれにしても、現在の国際宇宙ステーションからは規模が大幅に縮小される見通しだ。

　清水建設フロンティア開発室宇宙開発部主査の鵜山尚大は新たな宇宙ステーションについて、

「何らかのステーションができるとは思います。しかし本当に民間だけで、NASAの要求を満たせる施設を作れるかどうかと言うと、測りかねる部分もなくはないですね。技術的に言えばできるのですが、それが民間の事業として成り立つかと

清水建設宇宙開発部の
金山秀樹部長（右）と、鵜山尚大主査

いうと、それだけのお金を払ってくれる人がいるかどうかということになると思います」

一方、「宇宙強国」を目標に掲げている中国は、二〇二一年に宇宙ステーション建設に着手し、二〇二二年に宇宙ステーション「天宮」の基本構造を完成させた。

ロシアは国際宇宙ステーションから離脱する意向を示していて、二〇三〇年以降の宇宙ステーションは、中国が存在感を増す可能性がある。

宇宙観光センターの楽しみ方

これまで宇宙ステーションでは、地上の一万分の一から一〇〇万分の一という微小重力、船外はほぼ真空、それに銀河宇宙線や太陽粒子線という放射線を浴びることなど、宇宙空間でしか得られない特殊な環境を利用して、様々な研究や実験が行われてきた。例えば、質量の異なる複数の物質を混ぜ合わせるとき、地上では重力のためどうしても均一に混ざりきらないが、宇宙空間ではほぼ均一に混ぜることができる。こうして高品質なタンパク質の結晶を作ることにより、創薬にも成果を上げている。

このように様々な貢献をしている宇宙ステーションだが、政府組織と企業、あるいは企業間の取引ではなく、B2C（Business to Customer）、つまり民間企業が一般の利用客を相手にする次世代の宇宙ステーションとなると、何ができるのか、どういう楽しみがあるのか、ほとんど明らかにはされていない。

そこで、第一章で紹介した日本ロケット協会元会長の長友信人に再びご登場願うことにしたい。

第二次世界大戦後、アメリカに移住したドイツ人科学者のひとりに、クラフト・エーリケという人物がいる。彼は主に民間の宇宙開発企業で働き、フォン・ブラウンのライバルとも称されたが、ブラウンほどの知名度はない。しかし長友は「エーリケこそは、『宇宙野郎』などといっては失礼かもしれないが、そんなスケールの雄大さを感じさせる、宇宙開拓の第一人者である」*2と評している。

そのエーリケが一九六七年にAASで発表した論文「宇宙観光」で、地球周辺での宇宙観光の在り方を総合的に論じている。長友は「この種の論文としてはおそらく先駆的なもので、(中略)かなり格調の高い内容をもったもの」と指摘すると同時に、「宇宙が真に大衆のものとなるためには、やはりこういった、人々のための未来の宇宙利用を、真剣に検討する必要がある」と共感を示している。

長友は、エーリケが提案した宇宙ステーションを「宇宙観光センター」と称し、エーリケの論文をもとに、わかりやすく施設の概要を私たちに書き残してくれている。長友が解釈したエーリケの宇宙観光センターをかいつまんで紹介したい。

エーリケの構想する宇宙ステーションは、パイプを格子状に組み合わせたような形をしていて、幅が三九〇メートルある。清水建設の宇宙ホテルと同様、回転による遠心力を利用して最大で〇・七Gの重力を作っている。滞在している観光客は約千人で、平均滞在期間は二週間を見込んでいる。観光客の一行は、地球から宇宙フェリーに乗って約四五分で到着すると、簡単な健康チェックを受けたあと、宇宙ホテルのフロントでチェックインする。キーを受け取って自分の部屋に入ると、壁に広い窓があり、美しい地球に目を奪われる。

「と思ったら、それはにせ物で、実は立体テレビの画像であった。（中略）そのわきに本物の窓があるが、これはほんのちいさなものだ。そこからのぞいてみると、地球が時計の秒針のようなテンポで全天をぐるぐるまわっている。宇宙ステーションが一分間に二回という速さで回転しているためだ。ゆっくり景色を眺めるどころか恐ろしいくらいである。テレビの方はこの回転運動をなくした画面なので、落ち着いて見られる」

宇宙観光センター最大の売り物のひとつが、センターの中心部分にある、直径五〇メートルの球形をしたゼロGの「ダイナリウム」だ。訪れた客は、マンションにたとえれば一五階ほどの高さがある立体的な空間を、自由に泳ぎ回っている。実はこの無重力空間を作るのには、ちょっとした工夫がある。確かに空間の中心部はゼロGだが、周辺部では〇・一Gの遠心力が働いている。このためこのままだとうまく中心部に行ったとしても、しばらくすると周辺部に引き寄せられてしまう。そこで壁面には空気を回すための小型の電動ファンが目立たないように並び、宇宙観光センターの自転の方向とは逆向きに空気を回している。この結果、中の空気は静止していることになり、その中を漂うことで無重力状態を楽しめるようにしているのだ。

ダイナリウムで小さな手ヒレと足ヒレを付ければ、海中でのダイビングのように「宇宙遊泳」を楽しむことができる。競泳大会も開かれる。

立体バレーボールもダイナリウムで人気のスポーツだ。ネットをはさんで六人ずつというルールは地上と同じだが、上下がないので、ネットに穴が開いていて、この穴を通して相手のコートにボールを入れるのだ。

自分でプレイを楽しむのはもちろんだが、大会の試合を見物するのも面白い。観客席は球形内部の壁全体である。ぐるぐる動き回りながら、好きな角度で観戦できる。

無重力の大空間、立体的配置、交錯する光、回る観客席といったダイナリウムの特徴は、地上では考えられないスケールの大きな演劇や舞踏、サーカスといった催し物にも活用できる。

宇宙観光センター内部を移動すると、「火星ホール」「水星ホール」「月ホール」「タイタンホール」「小惑星ホール」という「別世界の間」がある。宇宙ステーションの中心からの距離によって土星の衛星タイタンが〇・一六G、火星が〇・三八Gなど、星の重力を正確に再現していて、宇宙服を着た客がそれぞれの星の模擬環境を体験することができる。

月ホールにはアポロ着陸船が当時のままの姿で置かれていて、宇宙服に身を固めた客が着陸船に乗り込んだり、アポロ月面車を運転したりすることもできる。

火星ホールでは赤茶けた大地をレールバスで進んでいくと、猛烈な砂嵐に出合う。ようやく嵐を通り過ぎるとそこは断崖絶壁で、バスは谷底へと進んでいく。

タイタンホールからは、安全カミソリの刃のように薄い土星の輪が見える。タイタンの動きとともに上下に揺れ動く土星の輪は圧巻だ。

小惑星ホールでは、それぞれが小型の炭酸ガスジェットを噴射して移動しながら、大きさがわずか二〇メートルの小惑星探検をする。

確かに、これらはイミテーションである。しかし「ここはあくまでも大衆のための『安全を保証された』娯楽の場であることを、忘れてはいけない。だからといって、知識と技術を手抜きにしているものはひとつとしてなく、すべて科学的に確かめられた質の高いものを採用しているのだ」と、長友は解説する。人びとが安全に、しかも本物の宇宙と対話できる場所、それが宇宙観光センターなのだ。

そうは言っても、どうしてもイミテーションではない宇宙を感じたいという人のためには、「宇宙遊覧ボート」が用意されている。宇宙観光センターから五キロ程度以内の宇宙空間を自由に動き回ることができる。ただし、本体と接触事故を起こせば大惨事となるため、操縦は運転免許の所持者に限られる。宇宙ステーションや青白く輝く地球を、いろんな角度から見て楽しんだり、好きなアングルで写真を撮ったりすることができる。

観光と言うと、楽しみを目的とした旅行と理解する人が多いだろう。だが、それにとどまらず、かなり深い意味の込められている言葉だ。そもそも観光とは、中国の易経に記された「観国之光」が語源とされている。国之光、つまり他国の優れたものや繁栄している様子を観て見聞を広めることの大切さを意味したもので、「視察」の意味が強かった。だから江戸幕府は、科学技術の進んだオランダから贈られた蒸気船を「観光丸」と名付けたのだ。やがて時代が下って観光は旅行やレジャーの意味に重点が置かれるようになった。しかしその本質は一貫している。一九六九年に政府の観光政策審議会が観光について定義し、その中で「生活の変化を求める人間の基本的欲求を充足するための行為」と位置付けているが、未知なるものを知りたいと願うのは、人間の本質的な欲求だろう。

「『なんだ、観光か』と、宇宙科学や宇宙のビジネス利用だけを考えている人々は、ばかにするかもしれない。しかし、観光こそは、人類の生きる目的の一つなのではないだろうか？」

長友はそう、私たちに問いかけている。

＊1　清水建設宇宙開発室『宇宙建築』（一九九一年、彰国社）

＊2　長友信人『1992年 宇宙観光旅行』（一九八六年、読売新聞社）

第 4 章

宇宙の約束

法的・経済的検討

4－0

イントロダクション

未整備の部分が多い宇宙制度

アメリカのコンサルタント企業ブライステック が毎年出している「衛星産業現状レポート」は、会員企業にアンケートを取った結果をもとに宇宙産業の市場規模を毎年推定している。それによれば、二〇二一年の市場規模は世界全体で約五〇兆円（一ドル＝一三〇円で換算、以下同じ）である。そのうち、私たちが宇宙産業としてすぐに連想する宇宙機器産業、つまり人工衛星やロケットの製造・打ち上げは一割にも満たない。九割以上はというと、各種衛星を使った衛星データ利用サービスが多くを占め、そのほかにユーザー端末とアプリの製作、基地局をはじめとする地上設備関係など、宇宙利用産業が占めている。

さらに将来予想については、最近一〇年間の年平均成長率二・六％がそのまま続いたと仮定して、二〇四〇年にはその規模を約八一兆円と予測している。

大手投資銀行モルガン・スタンレーは、二次波及効果としてインターネット事業の急速な伸びなどを加え、二〇四〇年の市場規模は一三六兆円にまで成長すると予測している。このように将来予測は、特に波及効果をどこまで含めるかで大きく異なってくる。ちなみに、政府が宇宙産業をデータとして示す際は、モルガン・スタンレーの予測を使うことが多い。

こうした宇宙産業の中心に位置するのがアメリカだ。特に近年注目されている契約の方法が「アンカーテナンシー」である。アポロ計画からスペースシャトルに至る従来の宇宙プロジェクトは、NASAの直轄事業だった。これに対しアンカーテナンシーは、予算の削減を踏まえて民間の力をより活用しようと、NASAが取り入れた手法である。NASAが資金を企業に提供するのは同じだが、NASAは企業に出資して開発を支え、事業が始まるとサービスを買う立場となる。事業の主体はあくまで企業としたのだ。しかも複数の企業を競争させる。企業側は効率を上げると儲けが増えることになり、民間資金の調達にも努めるようになる。スペースXをはじめとする新興企業がその恩恵を最も受けて、宇宙産業に新風を吹き込んだ。

一方、日本における宇宙産業の市場規模は、日本航空宇宙工業会の調べによれば、二〇一八年度は一・二兆円で、世界全体の二%強ほどしかない。しかも内訳を見てみると、宇宙機器産業は三割となっている。つまり宇宙開発先進国と比べれば、宇宙利用の裾野が日本はまだ小さいということだ。逆に言えば、利用を拡大するチャンスは十分あるということでもある。これを踏まえて政府は二〇二〇年の宇宙基本計画で、宇宙産業の規模を二〇三〇年代早期に倍増する目標を設定している。

本当に倍増が可能なのだろうか。宇宙を手掛けるシンクタンクとしては、日本の草分け的存在である三菱総合研究所主席研究員の内田敦に聞いてみた。

「ボリュームの大きな衛星データ利用で言えば、金額が高くてもいいが詳細なデータが欲しいという層が一定数います。安全保障の関係です。次に、解像度は落ちるが頻度高く撮影してほしいという層があり、利用者が増えています。

さらにもっと解像度が落ちるデータでは、政府などが無料で公開するという動きが世界的に広がっています。データの権利もフリーにしてオープン化し、データを活用する利用産業を育て、関連ビジネスを活性化させているのです」

使ってみて便利ということがわかれば、お金を支払ってでも必要なデータが欲しいというところも出てくる。

「顧客からこの場所を撮像してほしい、この場所を対象に解析してほしいとリクエストを受けて、カスタマイズしたサービスを提供するビジネスモデルもあります」

そういえばeスポーツなどオンラインゲームの多くは無料で遊べるため、プレイするハードルは低いのだが、「アプリ内課金あり」という表示が出てくる。遊んでいるうちに、料金を支払ってでも追加のコンテンツが欲しくなるのと同じかもしれない。

大型ロケットの分野では日本のH3、ヨーロッパのアリアン6、アメリカではロッキード・マーティンとボーイングの合弁事業であるユナイテッド・ローンチ・アライアンスのヴァルカンと、いずれも軒並み開発が遅れていて、スペースXの独走状態だ。

「各社とも懸命に追いつこうとしています。一方で、現在、開発中のロケットが活躍する時期に大型ロケットの市場がいきなり大きく拡大することもないと思います。さらにその先を見据えると、まだマーケットができていない高速二地点間輸送などが、今後、拡大の可能性のある市場だと思います」

小回りの利くタクシーのような小型ロケットも、日本にとっては狙い目だろう。日本国内だけでなく、宇宙利用の拡大しているアジアやアフリカなどの途上国から受注したいところだ。当然のことながら、宇宙開発先進国間ではこうした国々に対する市場獲得競争が激化している。商用衛星の分野では欧米が先行し、中国が猛追する。これに対して日本は、大きく出遅れているのが現状だ。

そこで壁となっているのは、価格面や技術面だけではない。法律や経済システムなど、日本の制度で改善すべき点もある。この章では、日本の宇宙ビジネスを取り巻く社会制度の現状と課題について、検討してみたい。

4 — 1

宇宙保険

東京海上日動

日本航空保険プール

クルマに自動車保険があるように、飛行機にも保険がある。航空保険だ。イギリスのロンドンにある保険市場ロイズが一九一一年に第三者に対する損害の補償引き受けを始めたのが最初と言われている。初期の航空保険は、海上保険のコミュニティが引き受けていた。

航空保険の特色は、リスクが巨大なため、複数の保険会社が引き受けに参加することだ。

日本航空機開発協会によると、日本で国内線、または国際線の定期路線を持っている国内航空会社の保有機材は二〇二二年で、全日空グループが二八六機、日本航空グループが二四八機など、合計で六四七機にすぎない。にもかかわらず重大事故が起きると、被害者の人数が多い上に、飛行機の機体は大型機になると数百億円もする。つまり保険会社一社では負担しきれないほど巨額の支払いが生じるというリスクがある。こうした事態を避けるため、日本国内の損害保険会社が引き受け能力（キャパシティ）を供出するプール制が導入されている。それが日本航空保険プール（以下、プール）だ。

プール会員である損害保険会社は、自社で引き受けた保険を全額プールに提供する。この際、独占禁止法の適用除外により、会員保険会社間で条件に差異が出ない仕組みとなっている。集約されたリスクは、予め定められた会員のシェアに応じて各社に配分される。これにより、すべての保険契約のリスクを会員保険会社全体で負担するかたちとなる。

さらに、一定の規模を超えるリスクや日本国内には知見のない新たなリスクなどについて、プールは海外の保険会社との再保険取引も行っている。再保険とは、自社で引き受けた保険契約の保険料の一部を、他の保険会社に支払うことによってリスクを共有し、リスクの分散を図る仕組みである。

このように日本航空保険プールを詳しく説明したのは、この仕組みがそのまま宇宙保険に使われているからなのだ。

保険の買い手は誰か

「宇宙保険は五〇年の歴史があるのですが、商用衛星の保険引き受けが普通に行われるようになったのは一九九〇年頃からですね」

そう語ってくれたのは、損害保険業界最大手の東京海上日動で、宇宙保険専門部長を務める吉井信雄だ。吉井は四半世紀以上にわたって航空宇宙分野を担当してきた、日本における宇宙保険の第一人

東京海上日動　吉井信雄宇宙保険専門部長

者である。

吉井によれば、国内外で衛星放送を提供する衛星オペレーターが宇宙保険の主な買い手である。衛星オペレーターとは、衛星を運営する事業者のことだ。近年では光学カメラやレーダーで地上を観測する地球観測衛星のオペレーターも、宇宙保険の買い手として存在感が増してきている。

「民間の衛星オペレーターは資金の出し手である投資家や金融機関の要請に応える必要がありますから、民間の衛星は多くの場合で保険が活用されています」

特に、衛星一機で広い範囲をカバーする静止衛星は重量が数トンもあって寿命も長く、その分、衛星本体の価格と打ち上げ費用の合計で数百億円となるケースもある。このため事故や故障に備えた保険の加入は必須となる。

ただし、これはあくまで民間衛星の話である。例えば気象衛星ひまわりなど、政府の事業として運用されている衛星に対しては、基本的に宇宙保険はかけられていない。海外の政府系衛星も基本的には同様だ。

最近増えてきた衛星コンステレーションは、宇宙保険の契約数増加につながっている。ただしコンステレーションは、ひとつの衛星の障害がコンステレーション全体の運用に影響を与える可能性があったり、逆にひとつの衛星に障害が生じても全体の運用には影響しないケースもあったりと、これまでにないリスクや特性があるため保険の商品設計が複雑となる。

一事故あたりの巨額なリスク

宇宙保険は、大きくふたつに分けられる。ひとつは衛星やロケットなどが壊れたときのリスクを担保する保険だ。その内訳としてフェーズごとに、輸送や発射台での組み立てなどでの損害を補償する「打ち上げ前保険」、打ち上げから宇宙空間に到達し、軌道上で衛星をロケットから切り離すまで、または打ち上げから一年間を補償する「打ち上げ保険」、それに軌道上の「寿命保険」がある。

大きな括りのもうひとつは、賠償責任保険だ。その内訳として、打ち上げ失敗により地上や海上で第三者に対して何らかの賠償責任が生じたときの保険、もうひとつは宇宙の軌道上で他の衛星など第三者に損害を与えたときに賠償するための保険だ。

自動車保険や火災保険など利用者の多い保険と比べ、宇宙保険は航空保険と同様、損害保険会社にとって一事故あたりのリスクが巨額となる保険だ。損害保険会社はアメリカだけで二千社以上、世界全体では数万社と言われるが、宇宙保険を扱い品目としている会社は世界でも四〇社程度にすぎない。

なぜ宇宙保険を扱う会社が少ないのかというと、第一の理由は航空保険と同じで、自動車保険などの一般的な保険と比べると一事故あたりのリスクが大きいことがあげられる。第二に、航空保険よりもさらに厳しい条件がある。民間航空機の開発と利用は一世紀以上の歴史があり、一定の知識とデータが蓄積されている。これに対して民間の宇宙開発は歴史が浅く、保険料率を算定するための根拠となる統計データがきわめて少ないことから、引き受け条件の設定の難度が高い点があげられる。

加えてこれまでのところ、ロケットの打ち上げ失敗確率は、航空機の墜落確率と比較すると非常に高い。アメリカ国家運輸安全委員会の調査によれば、米国内で航空機に乗って死亡事故に遭遇する確率は〇・〇〇〇九％という報告がある。[*1] これに対してロケット打ち上げは五〜一〇％が失敗すると言われている。しかもロケットや衛星は多種多様で、会社や開発時期によって設計や使用する部品が大きく異なっている。このため宇宙保険を扱うには、宇宙開発に関するきわめて専門的な知識と判断力が求められることになる。

リスク評価のプロ「アンダーライター」

みなさんは「アンダーライター」という言葉をご存じだろうか。保険業界でリスク評価を行い、引き受け条件の策定を行う仕事をアンダーライティングと言い、その担当者がアンダーライターだ。水面下の事情に詳しいからアンダーライターかと思いきや、そうではなかった。その昔、保険引き受けを行う際、書類の一番下にサインしたことに由来する。

宇宙保険の分野におけるアンダーライターは、世界でも百人ほどしかいない。そのひとりが吉井である。

宇宙保険アンダーライターは、イギリスのロンドンやフランスのパリ、それにアメリカなどで年に数回開かれる技術プレゼンテーションに参加し、近く打ち上げ予定の衛星を作っているメーカーから技術の詳細について説明を受ける。なぜ衛星メーカーが宇宙保険アンダーライターに対してプレゼンを行うかというと、保険をかける対象が衛星だからだ。一方で、打ち上げ時の最大のリスクはロケットである。このため、打ち上げ事業者も衛星メーカーに協力して宇宙保険アンダーライターに対して安全性をアピールする。自社のロケットに対する保険料率が安くならないと、ロケット市場での競争力がなくなるからだ。

「スペースXのファルコン9が最近は連続して打ち上げに成功していて、保険業界での評価が高まっています。新規開発されたロケットや成功率の低いロケットと、市場からの評価が高いロケットの保険料率は一〇ポイント以上の差がつくケースもあります。単純計算で一〇〇億円の保険を手配する場合、保険料が一〇億円以上も違ってくる可能性があるわけです」

二〇一〇年頃まで打ち上げ保険の料率は平均一〇%以上で、二〇%を超える年もあった。最近はロケット打ち上げシェアでスペースXが六割を超え、打ち上げ成功が続いているため、その結果として平均保険料率も低くなっている。

ではどのように、宇宙保険を手配するのだろうか。まず、宇宙保険市場で衛星メーカーからプレゼンを聞いたアンダーライターが技術評価をして、それぞれ保険料率と引受額をブローカーに提示する。その結果、保険料率の低いほうから順番に保険金額が割り振られる。保険をかける側の希望する金額に達したところで手配が完了して、ひとつのシンジケートができ上がるという仕組みだ。万全を期すアンダーライターは、自身が引き受けたリスクをさらに分散させるため、再保険を手配することもある。

それでも予期せぬ損失が発生し、撤退する会社もある。二〇一七年から二〇一九年にかけて打ち上げ失敗や軌道投入失敗などによる大規模な損害が相次いで発生し、スイス再保険やＡＩＧといった大手が衛星保険の元受けから撤退した。

個人の判断力が問われる厳しい世界

「宇宙事業って、宇宙空間に打ち上げてみないとわからないという難しさがあります」

ベテランの宇宙保険アンダーライターである吉井が、企業名を出さないという条件で教えてくれた、海外の宇宙保険支払い事例をいくつか紹介しよう。

大手メーカーが作った衛星で、電子部品がショートし、衛星が使えなくなるという事例が多数起きた。調べてみると、電子部品は錫《すず》メッキされていたため、錫から微細な突起が生まれた結果と推定された。これは「錫ウィスカー」と呼ばれ、一九四〇年代から知られている現象だ。

「物質の専門家に聞くと『そんなの当たり前。使うほうが悪い』という答えだったのですが、当該衛星メーカーのエンジニアはそれを知らなかったんですね。当然、宇宙保険アンダーライターも、宇宙での錫ウィスカーのリスクについてこの事象が起こるまでは気付いていませんでした」

信じられないような初歩的ミスも発生する。

「数百億円の衛星を打ち上げてみたら、様子がおかしい。調べてみたら右と左のアンテナを、逆に付けていたことがわかりました」

アンダーライターは、こうした点までチェックしないといけないのだから、大変だ。

「トランジスタ一個が壊れて、衛星全体がダメになったケースもありました。どんなに地上でテストして『大丈夫です』と言われても、打ち上げてから驚くようなことが、宇宙では起きるのです」

このためアンダーライターには、専門知識のある宇宙業界出身者が就くことも多い。東京海上日動では、宇宙業界出身者の専門家数人を技術顧問として委嘱している。

それでも、予測不可能な部分が最終的には残る。最後はアンダーライターの長年の経験と勘で、保険を引き受けるか、引き受けないか、引き受けるとして保険料率をどうするかを決めることになる。

いまは飛ぶ鳥を落とす勢いのスペースXも、十数年前は宇宙業界で無名の存在だった。イタリアのベニスで宇宙保険市場の会合があり、いくつかの部屋に分かれてブリーフィングが行われた。その内、スペースXの部屋には、ほとんど人が来ていなかったのを吉井は覚えている。

「いまでこそ最も信頼性が高いとされるファルコン9も、昔は保険料率が三〇%でも保険を手配することができない時代がありました」

そうした経験を踏まえてイーロン・マスクは、宇宙保険マーケットに対する取り組みの必要性に気付き、吉井たち保険業界の関係者を招いて工場見学会を開いたりするようになる。

「みなさんはここまで飛行機で来ましたよね。その飛行機が、初めて飛ぶ機体だったらどう思いますか。不安ですよね。ロケットもこれからは、そうなるのです」

これは再使用型ロケットの初打ち上げを前に、スペースXの担当者が吉井たちに説明したときの言葉だ。

「そのときは『そんなことになるわけがない』と思ったものです」

ところがいまはもう、再使用が当たり前になった。

スペースXは超大型ロケット「スターシップ」の開発に取り組んでいる。

「業界に長年いる人間の印象としては、ものすごい難しいプロジェクトですが、これまでの有言実行を見ていると、『スペースXならやるだろう』という印象を持っていますね」

六号機のジンクス

近年は、国産ロケット打ち上げ失敗のニュースが相次いだ。特に新たな主力ロケットとして期待されていたJAXAのH3は、初号機の打ち上げを二年延期して万全を期したが、二〇二三年三月の打ち上げは失敗に終わった。二〇二四年二月の二号機打ち上げ成功のニュースに、ほっとした方も多いだろう。また、先述したように、二〇二四年三月にはスペースワンがカイロス初号機の打ち上げに失敗した。

「世界的に見ても初号機は四割ぐらい失敗するんですね。ですからH3の失敗も、国際宇宙保険市場では冷静に受け止められています」

問題とすべきは、失敗したことで関係者が萎縮してしまうことだ。スペースXは二〇二三年四月にスターシップ初の宇宙空間への飛行を試みたが、いくつかの不具合が発生したため打ち上げ数分後に指令破壊された。スペースXはこの試みを「大成功だった」と発表している。アリアンスペースは二〇二二年一二月のヴェガCロケットの打ち上げが失敗し、その後に実施された地上燃焼試験でも爆発事故を起こしているが、謝罪などしていない。世界の宇宙開発は、失敗が起こることを前提に進められているのである。

興味深いのは、二〇〇〇年以降のロケットで一号機から一〇号機までの失敗の割合を示したデータだ。おおまかな傾向として、初号機から回数を重ねるごとに失敗率は減っていくのに、四号機や五号機を底にして、六号機で失敗率が大きく跳ね上がる。そして七号機になると失敗率が大きく下がる。

二〇二二年一〇月にはJAXAの小型ロケット、イプシロンが打ち上げに失敗した。これにより、第二章で紹介したQPS研究所の小型レーダー衛星二機をはじめ、九州工業大学や名古屋大学などのキューブサットなどが失われた。このイプシロンも六号機だった。

第三章で紹介したヴァージン・オービットは二〇二三年一月の打ち上げ失敗を契機に経営破綻し、大分空港で計画していた打ち上げもなくなった。そのきっかけとなった打ち上げ失敗も、六号機なのである。

H2の改良型で、日本の主力ロケットとして活躍してきたH2Aは約九八％という高い成功率を誇るが、唯一失敗したのが二〇〇三年の六号機である。

六号機に失敗が多いのは世界共通の事象のようだ。それでは、六号機の保険料率は高くなるのだろうか。

「そういうことはありません」

初号機から10号機までのロケット打ち上げ失敗率の比較

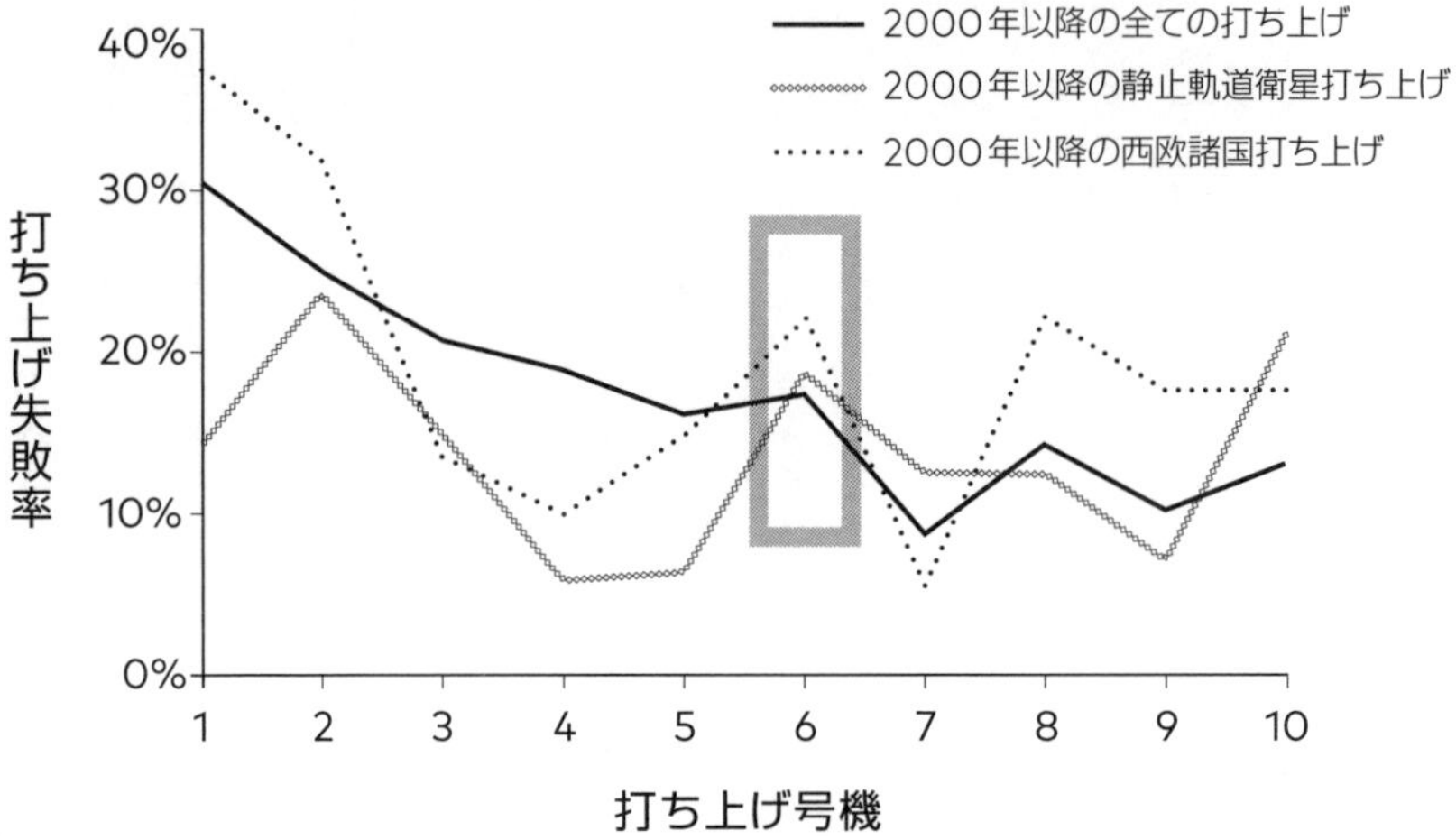

打ち上げる軌道や事業者の所在国に関わらず、6号機のジンクスが存在する。
出典："Launch Vehicle Failure Rate Comparison" Christopher T.W. Kunstater, Global Head of Space, AXA XL

なぜ六号機に失敗が多いかについては諸説あるが、憶測の域を出ない。

　一九八六年に起きたアメリカのスペースシャトル「チャレンジャー」の爆発事故では、NASAの職員が、機体の設計不良の問題を軽視したのが原因とされている。同じ年にソビエトで起きたチェルノブイリ原子力発電所の爆発事故でも、作業員の操作ミスが原因と推定されている。巨大技術になればなるほど、わずかなヒューマンエラーが大事故につながるということもある。

新たな宇宙保険

　先述した通り、宇宙に出てからの宇宙保険は、打ち上げ保険と軌道上保険がある。これらは地球周辺の宇宙を想定している。

しかし人類はこれから月、そして火星を目

指している。そこで東京海上日動では二〇二二年四月、月面探査ローバーによる月面探査ミッションを対象にした「月保険」の提供開始を発表した。補償の概要としては、月面探査ローバーの故障や通信トラブルにより、予定していた月面探査ミッションを達成できない場合、月面までの輸送費用や月面探査ローバーの製造費用などを補償するとしている。

月保険第一号の提供先は、日本の宇宙ベンチャー「ダイモン」の「Project YAOKI」である。YAOKIは質量約五〇〇グラムで超小型の二輪方式月面探査車だ。今後量産化が進めば、一度に多くのYAOKIが月面探査を行っていくことになる。

「将来月面上のリスクがいまよりも大きくなっていくことに備え、ロイズの再保険アンダーライターと密なコミュニケーションを始めています。しっかりリスクの国際分散を行いながら、日本企業の月での挑戦を保険面で支えていく準備をしています」

国際宇宙ステーション退役後の民間宇宙ステーションも、難しい問題がある。現在の国際宇宙ステーションは、複数の国が建設と運営に参加しているため、過失を含めて事故が起きた場合でも、政府間の条約でお互いに賠償請求権を放棄することを原則としている。

しかし民間の宇宙ステーションとなると、どうだろうか。例えば民間のロケットがドッキングに失敗して数千億円の損害を出したとすると、現在の宇宙保険のマーケットを大きく上回ることになる。

「ひとつは、政府による補償ができないかという論議があります。もうひとつは、保険業界がどこまで対応できるかを検討することになると思います。あとはリスク管理の方法として、事故が起きても最小限にとどめる対策が必要です」

日本損害保険協会のホームページを見ると、「保険料は、過去の事故・災害統計データを基にして、適正な金額を導き出して決められます」と書いてある。それを踏まえた上で、宇宙保険にはプラスアルファの部分がある。現役のアンダーライターから、百戦錬磨の強者たちとの保険料率をめぐる生々しい駆け引きや、再保険のコンセンサスを得るための交渉術、さらには失敗して撤退するアンダーライターの話などを聞くと、専門的な知識の収集を怠らないことはもちろんだが、最終的には個人の判断力が問われるきびしい世界であることがわかってくる。今後も宇宙開発は規模が巨大化し、新しいジャンルも次々と生まれてくるだろう。どれだけＡＩが進化しても、人間にしか判断できない世界がそこにある。

＊1 「リスクマネジメント最前線」（二〇一四年一月、東京海上日動リスクコンサルティング）

4−2

宇宙法

ベーカー＆マッケンジー法律事務所

宇宙法整備の歴史

宇宙の憲法とも呼ばれる「宇宙条約」が発効したのは一九六七年のことだ。宇宙条約では探査利用の自由、宇宙空間はいかなる手段によっても国家による取得の対象にならないこと、私人の宇宙活動に対しても国家が国際的責任を負うこと、それに平和利用などを規定している。

その頃の宇宙開発は国家が主体だった。時代が下って民間が宇宙開発の主体になるようになり、日本は二〇〇八年に「宇宙基本法」を制定した。研究開発が中心だった宇宙政策を実用的な利用にシフトし、民間事業者による宇宙開発の促進を謳っている。

二〇一六年には宇宙ビジネスの振興を主眼に置いたふたつの法律が制定された。このうち「宇宙活動法」は、民間企業による人工衛星の打ち上げ・管理に関する国の許可制度や、事故が起こった場合の賠償制度などを規定している。「衛星リモートセンシング法」（略称・衛星リモセン法）は、人工衛星で地球の表面（厳密には水面およびそれらに近い地中、水中、上空も含む）を観測するリモートセンシングについて、防災や農業など幅広い分野での活用が期待される一方、国際テロリストなどにより悪用される懸念もあることから、適正な取り扱いについて定めている。

ベーカー＆マッケンジー法律事務所
鈴木泰治郎パートナー弁護士

民間が宇宙で経済活動を活発化させるようになると、それまであいまいだった「宇宙資源は誰のものか」という議論が起きてくる。宇宙条約は天体の領有を禁じているが、資源の所有に関する記述はないからだ。そこで日本では二〇二一年に「宇宙資源法」が施行された。民間企業が宇宙空間で採取した資源について、国として所有権を認めることを定めたものだ。同種の国内法としては二〇一五年のアメリカ、二〇一七年のルクセンブルク、二〇一九年のアラブ首長国連邦に次いで四番目の立法だ。

宇宙観光旅行に向けて、宇宙船や宇宙ステーションの開発も進められている。そこで本節では、宇宙ビジネスにまつわる法的な疑問点について、ベーカー&マッケンジー法律事務所パートナー弁護士の鈴木泰治郎に聞いてみた。同事務所は世界四五の国と地域にオフィスを構える世界最大級の国際総合法律事務所だ。宇宙関係の取引も多く、鈴木は宇宙法スペシャリストのひとりである。

日本発着の宇宙旅行は可能か

前述したように、日本も急ピッチで宇宙利用に関する法整備を進めている。しかし個別にみると、課題はいろいろある。特に宇宙旅行の分野は、アメリカに比べて大きく遅れている。

「アメリカには〝インフォームド・コンセント〟という手続きがあります。お客さんにリスクをきちんと説明した上で、事故に遭っても損害賠償請求をしないという明確な同意が得られれば、事業者は基本的には責任を負わないというコンセプトです」

インフォームド・コンセントはもともと医療倫理の原則として、患者の自発的同意が不可欠なものとする考え方である。それが医療以外の世界にも広まり、正しい情報を伝えられた上での双方の合意を意味するようになったのだ。

「連邦レベルの法律だけでなく、州法で定めているケースもいくつかあります。というのはアメリカで裁判に訴える場合はまず州の裁判所に訴えますから、宇宙ビジネスを促進したい州は、宇宙旅行事業者のリスクを限定し、それを明確化するためにわざわざ州法を作るわけです。連邦法と州法との違いをあげれば、連邦レベルの商業打ち上げ法では、インフォームド・コンセントがロケットの打ち上げ許可条件のひとつとされています。これに対して州法は、宇宙旅行事業者が適切にインフォームド・コンセントを利用客から得た場合には、故意または重過失の場合を除き、損害賠償責任は認められないと明確に記載しています」

例えば、ケネディ宇宙センターのあるフロリダ州では、宇宙旅行客に対して以下のように説明している。

「警告：フロリダ州法では、宇宙飛行事業者が提供する宇宙飛行活動において、参加者の負傷または死亡が宇宙飛行活動固有のリスクに起因する場合は、その責任を負うことはありません。宇宙飛行活動固有のリスクに起因する負傷には、特に、土地、設備、人および動物の損傷、ならびにお客様の傷害または死亡の要因となりうる不注意な行動を取る可能性が含まれる場合があります。お客様は、この宇宙飛行活動に参加するリスクを負うことになります」

それでは日本でも同様に、自己責任で損害賠償権放棄の手続きを取ることができるかというと、そう簡単ではない。日本には消費者を保護するため「消費者契約法」という法律がある。その中の「契約条項の無効」について消費者庁は、「情報・交渉力の面で消費者と事業者との間に大きな格差が存在する状況において、事業者が適切なバランスを失し、自己に一方的に有利な結果を来す可能性も否定できない。このように、消費者にとって不当な契約条項により権利を制限される場合には、消費者の正当な利益を保護するため当該条項の効力の全部又は一部を否定することが適当である」と解説している。

鈴木にもう少し丁寧に説明してもらうと、日本の消費者契約法においては、①事業者に故意・重過失がある場合を含めすべての責任を免除する条項は無効、②「事業者に故意・重過失がある場合には免責しないが、その他のケースでは免責する」旨の条項は、基本的には有効であるが、生じる損害が死亡やケガの場合（つまり財産的な損害にとどまらない場合）にまで、（故意・重過失の状況ではないとしても）事業者の責任を免除する条項は、無効になりうると解釈されている。

これを宇宙旅行にあてはめてみよう。ロケットや宇宙空間に関する技術情報やリスク分析はきわめて専門的であることを考えると、仮に宇宙旅行の希望者が損害賠償の請求権放棄にサインしたとしても、無効とされる可能性が高い。「事業者に故意又は重過失がある場合には損害賠償責任は免責されない」とした場合には、消費者契約法においても有効となる可能性があるが、予想される事故の結果が人の死亡や重傷である場合においては、「消費者の利益を一方的に害する契約」であるとして、やはり無効と判断される可能性が高い。従って、アメリカにおけるインフォームド・コンセントのように「宇宙飛行事業者に故意又は重過失がある場合には損害賠償責任を負う」ことを条件にして、宇宙旅行の希望者から損害賠償請求権の放棄にサインを得たとしても、日本では無効とされる可能性が高いのである。

現状では、日本を発着する宇宙旅行は難しそうだ。それでは、将来的にどうすべきだろうか。鈴木の意見を聞いてみた。

「消費者契約法では、宇宙活動法などで宇宙飛行事業者の責任範囲を制限する規定が別途定められればそれが優先され、事業者の責任を免除する条項は無効にならないこととなっています。宇宙旅行事業を推進するためには、そのような規定を定めることが望まれます」

政府に対する手続きの課題

政府に対する手続きも、アメリカは商業打ち上げ法を整備して、かなり簡素化されている。

「アメリカでは基本的にワンストップサービスで、FAAに相談して問題がなければ、ロケットの打ち上げから、帰還するまでのライセンスを短期間で出してもらえるようになっています。宇宙空間に短時間しか滞在しない宇宙機についても、上昇するときに主としてロケット推進力を使っているものについて『サブオービタル機』と定義して、やはりFAAがすべて対応します」

着陸地点のスペースポートについても、FAAがOKを出せば着陸許可を取れるようになっている。

「日本では、内閣府がロケットの打ち上げと、宇宙空間での衛星などの運用に関してライセンスを与える主体です。しかし、サブオービタル機に関する法的な位置付けが不明確です」

航空機についてICAO=国際民間航空機関では「揚力に依拠して運航される機体」としている。一方、日本の航空法では「人が乗って航空の用に供することができる飛行機」などと定義している。ということは、大分空港での就航が期待されるドリームチェイサーは揚力を使って滑空するだけに、航空法と宇宙活動法の両方に該当する可能性も出てくる。そうなると航空機としての型式証明や、航空保険などが必須となり、ハードルが上がる。そもそも日本政府に、宇宙機の安全性をチェックして型式証明を出せる能力があるのかどうかという問題もある。

「そうならないためには、日本でもサブオービタル機という括りを作ればいいのだと思います。サブオービタル機という、航空機とは別の定義を作ってしまえば、航空法や空港法は適用されなくなります。そのような取り扱いが、国際的にも一般的です」

宇宙物体は誰のものか

宇宙空間に送られた人工衛星などの物体は、「宇宙物体登録条約」で打ち上げ国がそれぞれ登録し、国連で一括管理されることになっている。どの位置にあって、どのように回り続けるのかなど、細かく記載されるようになっている。登録された物体は、登録国が管轄し、管理する権限を持つ。

「これからメインプレーヤーが民間企業になります。そうすると多くの民間企業が宇宙物体を打ち上げる国の法律が事実上、スタンダードになっていく。結果として、アメリカの法律が宇宙空間でもスタンダードになっていくことになるかもしれません」

それにしても、法律が想定していない事態も起きてくるかもしれない。例えば、3Dプリンターを宇宙に持ち込んで月面で建築資材を作り、建物を作ったとする。これは打ち上げられた宇宙物体ではないので、登録の対象とはならない。

「いまの法律からすれば、その居住区はどの国の法律も適用されない、法律の空白地帯ということになる可能性があります」

そうなると、従来の国家の枠組みを超えた新たな世界が出現するかもしれない。SFの巨匠ハインラインは『月は無慈悲な夜の女王』で、月世界植民地が地球政府に対して行った独立戦争を描いている。テレビアニメ『機動戦士ガンダム』では、宇宙空間のスペースコロニーで生活する人たちと地球の人たちが対立する。

「確かに領有権がどこの国でもないとなれば、独立という話にもなるかもしれないです。その下地はあるかもしれないですね」

あくまで可能性ということで鈴木は私の話につきあってくれたが、未来がそんな悲惨なものにならないよう、宇宙空間における社会の在り方も検討すべき時期に来ているのだろう。

4－3

金融業界の取り組み

三菱UFJ銀行

宇宙ビジネスの可能性

「アメリカにいて外側から日本を見たとき、日本の産業はもう底が抜け始めている。このままだとかなり苦しくなるという危機感がある中で、関心を持ったのが宇宙です」

そう語るのは三菱UFJ銀行のサステナブルビジネス部宇宙イノベーション室長の橋詰卓実だ。橋詰は、海外ではフランスとアメリカで勤務した海外通だ。このうちアメリカでは自動車セクターを担当し、脱炭素社会の実現に向けてカリフォルニア州の水素ステーション事業に取り組んだ実績がある。

社会の変化を敏感に感じ取る橋詰は、宇宙産業の可能性に期待をかけている。宇宙イノベーション室のまとめた資料で、二〇二二〜三年の産業別の世界の市場規模を見てみると、宇宙産業は五六兆円規模で、医薬品のほぼ四分の一、自動車産業と比べれば六分の一で、

三菱UFJ銀行宇宙イノベーション室
橋詰卓実室長

大きく差が開いている。しかし将来に目を転じると、宇宙産業は二〇四〇年には一五五兆円規模となり、約三倍に伸びると期待されている。これは現在の医薬品や家電産業に比肩する規模にまで拡大するということだ。

「有名な例ですが、一九〇〇年のニューヨーク五番街を撮った写真を見てみると、通りには馬車しか走っていません。しかしT型フォードが一九〇八年に発売されて五年後の一九一三年の写真を見ると、馬車は姿を消して黒い車だらけなんです。別の例で言えば、スマートフォンが登場すると、みんながいっせいに使い始めました。つまり、新しいシステムは我々人間の行動を変えていく。いまの宇宙産業も同じような変革を起こすと思っています」

宇宙からの電波は目に見えない。だから馬車が自動車に変わり、フィーチャーフォンがスマートフォンに変わったような目に見える変化はないかもしれない。逆に言えば、自動車のように用途が限定されていない分、宇宙産業は私たちの社会を大きく変える可能性を秘めている。

「私が見ていてポテンシャルが一番高いのは、地上とつながる部分です。なぜ衛星がこれほど打ち上がってビジネスにつながっているかというと、ＩＴ技術の進展によって、大量のデータをシームレスにつなげて、ソリューションに変えられるようになってきたことが大きいと思います」

ＩＴ産業で成功した人たちが宇宙産業に入ってきたのも、必然と言えるのかもしれない。

ＰＦＩで民間資金や経営手法を活用

国内の金融機関が宇宙産業に関わる投融資の取り組みとして最初に注目を集めたのは、二〇一三年に三菱ＵＦＪ銀行を含む国内一二の金融機関が参加した国内初の人工衛星ＰＦＩ事業だ。

橋詰は「官の資金にレバレッジをかけるようなかたちのファイナンスです」と解説する。政府資金が入るということは、安全性が高い証しのようなものだから、民間の資金を集めやすくなるのだ。

ＰＦＩ（プライベート・ファイナンス・イニシアティブ）は、主にインフラ整備を主眼としてイギリスで一九九〇年代に発展した。公共事業を行う場合に、民間の資金と経営手法や技術を導入する手法で、行政の負担を軽減するとともに効率的で良質なサービスを提供できるというメリットがある。日本では一九九九年にＰＦＩ法が制定された。

例えば羽田空港のＰＦＩ事業では、旅客ターミナルビルなどを整備運営する事業、貨物ターミナルの整備運営事業、それに航空機が駐機するための施設であるエプロンなどの整備といった事業の三つの区分で、それぞれ別々の特別目的会社が設立されている。このうち「エプロンＰＦＩ会社」は、事業者が自ら調達した資金で施設を整備し、国がその対価を分割して支払う「サービス購入型」で実施する。国にとっては財政負担を平準化できるというメリットがある。他の二社は事業実施に要する費用を利用者からの料金収入で回収する「独立採算型」だ。

こうした事業を行うためのＰＦＩ法が二〇一一年に改正され、ＰＦＩの対象が船舶や航空機、そして人工衛星にも拡大されたのだ。

二〇一三年の人工衛星事業は、国の次期Ｘバンド衛星通信システムを整備・運営するＰＦＩ事業である。スカパーＪＳＡＴ、ＮＥＣ、ＮＴＴコミュニケーションズの三社の出資により設立された事業者が国と締結した事業契約に基づき、二機の通信衛星の製造、打ち上げ及び運用、並びに管制設備器材などの地上設備の整備及び維持管理などを実施することになった。

三菱ＵＦＪ銀行を含む主幹事の四行は、契約額七七五億円のシンジケートローンを組んだ。事業は一八年間にわたって実施されることになっている。

二〇一四年と二〇一六年に打ち上げられた気象衛星「ひまわり」八号と九号についてもＰＦＩ方式が導入された。入札の結果、選定されたのは三菱ＵＦＪリースを代表とするグループだ。その運用と課題について、気象庁の解説[*1]からかいつまんで紹介したい。

衛星のＰＦＩ方式に対する事業者のリスクは、打ち上げ失敗や衛星の消失といった、衛星事業に共通する課題である。特にひまわりは公共性の高い気象衛星という性格上、データ配信に対する確実性が特に求められている。そこで検討の結果、宇宙空間に関わるリスクは、事業者の過失による場合を除き、国が負担することになった。これは総理府がＰＦＩの基本方針で「リスクを最もよく管理することができる者が当該リスクを分担する」と告示していることを踏まえた判断である。そもそも国の事業であるから、国がリスクを背負うのは当然とも言える。ただし、すべてを国が補償するのではなく、事故によって将来的に不要となる経費は負担しないなど、合理的な検討が行われている。

ＰＦＩ事業において一般的に懸念されるのは、手抜き作業や債務不履行などが行われる可能性である。特に人工衛星はいったん宇宙に出てしまえば、問題をチェックすることは不可能であり、事業の特殊性から事業者の変更は困難が予想されること、事業を通じて技術開発が求められないことから事業者がモチベーションを失ってモラルハザードが発生する可能性などが指摘された。

こうした課題に対する対策として、長期間にわたり問題なく事業が遂行されれば、その継続期間に応じて、問題が発生した場合の罰則について軽減、または免除するという措置を取り入れることにした。また技術の維持、継承を求めるために、優れた方策が提案されている場合は評価ポイントを加算することにした。

こうしてＰＦＩのような仕組みを宇宙開発に導入することで、国の要求を満たすレベルの民間企業が育成されることになる。それは直接的に宇宙機器を開発する企業に限らず、金融機関など事業に関係する様々な企業が宇宙に対する理解を深めることにもつながるのだ。

増加傾向にある宇宙投資

「大きく転換したのはやはり、二〇二〇年の宇宙フロンティアファンドへの出資ですね」と、橋詰は語る。

宇宙フロンティアファンドは「宇宙開発に関わる人材・技術を支援し、世界と戦える日本発の宇宙企業を育成すること、更には、日本全体の技術革新に貢献することを主たる目的」として「スパークス・イノベーション・フォー・フューチャー」（以下、ＳＩＦ）が二〇二〇年に設立したものだ。同ファンドは、「宇宙空間の活用の実現に資する技術」を中核技術と位置付け、それらの分野の革新的技術を有するベンチャー企業などを出資対象とする。

ＳＩＦがファンドの運営者となり、トヨタ自動車、三菱ＵＦＪ銀行、三井住友銀行、みずほ銀行という、日本最大の企業とメガバンク三行が出資者となって、総額八二億円の出資により運用を開始した。投資家からの追加出資を募り、最終的には総額一五〇億円規模のファンドを目指している。

宇宙ベンチャーに対する投資額をアメリカで見てみると、二〇一五年に急増している。スペースＸが一〇億ドル、ワンウェブが五億ドルを調達し、この二社だけで同年の調達額の半分を占めたのだ。このうちスペースＸに対する投資のほとんどは、グーグルが出資したと見られている。

投資額の増加傾向はその後も続いている。野村資本市場研究所の竹下智は技術革新のスピードアップをその理由のひとつにあげている。[*2]

竹下によれば、技術革新のライフサイクルは一般的なＩＴセクターの場合、製品の開発期間が一～五年、製品やサービスを市場に投入してリターンを得る収穫期間が五～七年とされる。これが一般的なベンチャーの投資期間である一〇～一二年に反映されている。これに対して宇宙産業の場合、特にハードウェアでは開発期間が非常に長く、少なくとも五年、最大一五年以上に及ぶこともある。さらに収穫フェーズは一〇～一五年にもなる場合がある。こうした製品開発サイクルの長さ、そして大規模な投資が必要となることから、通常のベンチャーキャピタル投資には適していなかった。

しかし近年、宇宙産業でも技術革新が進んで製品開発のライフサイクルが短縮され、投資額も従来より少なくて済むようになってきた。その結果、宇宙技術の商業利用が加速するようになり、ベンチャーキャピタルによる投資が増えてきたと、竹下は分析している。

こうした傾向は当然、日本にも波及する。

三菱ＵＦＪ銀行は二〇二二年、銀行本体からの宇宙産業への投資第一弾として、第一章で紹介した小型ロケット打ち上げの「スペースワン」に出資した。その理由について橋詰は、次のように説明する。

「国内の宇宙バリューチェーンの構築が一番重要だと思います。つまり、衛星を作ってロケットで打ち上げる。その衛星で新たな価値を創出する。そこで得られた資金でまた衛星を作ってロケットで打ち上げ、さらなる価値の創出をする。このサイクルで日本は何が足りないのかと言うと、ロケットです。種子島と内之浦は国のロケットで、打ち上げ頻度が限定的になりやすい。高頻度で柔軟に打ち上げられる商用小型ロケットが必要と判断し、我々はスペースワンに出資させていただくことにしました。当社の取り組みは、国内のサプライチェーン構築と雇用創出にも貢献していくと期待しています」

衛星がますます重要になってくるのは確かだ。しかし同時に、役目を終えた衛星やロケットなどが「宇宙デブリ」、つまり宇宙のゴミとなっている。地球上から確認できるだけでも、一〇センチ以上の宇宙デブリが約三万五〇〇〇個、一センチ以上は約一〇〇万個、一ミリ以上は一億個を超えると推定されていて、将来の宇宙領域の活動や開発に、深刻な影響を与えている。そこで三菱ＵＦＪ銀行は二〇二三年、東京の「アストロスケールホールディングス」に出資した。二〇一三年に設立された同社は、宇宙デブリの除去をはじめとした軌道上サービス事業を担う国際的なトップランナーだ。

融資先の信用力が十分でない場合、通常、銀行は融資の際に担保を取る。では、まだ資産のないベンチャーの場合は融資ができないのだろうか。

「必ずしもそうではないですね。担保をどう表現するかにもよると思いますが、例えば政府の出している資金支援を見合いにするようなかたちでファイナンスを付けるのもひとつの方法です」

アメリカでは、宇宙法協定（Space Act Agreement）を利用した商用化を積極的に推進してきた。これはNASAによる、従来型のインフラ調達・保有方式とは異なり、民間企業の技術開発を支援はするが、NASA自らインフラは保有せず、インフラ完成後のユーザーになることを約束し、民間の力を活用しようとする仕組みだ。それまで政府直轄事業だった宇宙開発で、いきなり民間主導を唱えても無理がある。そこでNASAは政府が最初の顧客となって、一定額の開発費用を段階ごとに継続して企業に支払い、企業側は政府のお墨付きを得たことで信用力をアップさせながら民間から資金を集める。その代表的な成功例がスペースXだ。

日本では経済産業省と文部科学省が「中小企業技術革新制度」を利用して、宇宙輸送や宇宙デブリ対策、リモートセンシングの高度化などの宇宙分野で段階的に進捗状況を評価しながら、企業を支援することにしている。

JAXAも基金を設けて、戦略的な資金供給を検討している。

二〇二三年に改定された「宇宙基本計画」では、「国内でロケット開発に取り組む事業者が、国際競争力を持ったロケットを開発できるよう、国等によるSBIR制度やアンカーテナンシー、JAX

Aによる技術・知見の提供及び施設設備の供与などを通じて、国内でロケット開発に取り組む事業者の開発・事業支援を拡充する」と謳い、「その際、宇宙輸送市場で勝ち残る意志と技術力を有する事業者を選抜し、集中的に支援することにより、国際競争力を持たせることに留意する」と強調している。

そこにおいて、銀行はどのような役割を果たせるのだろうか。

「人間の身体にたとえると、血流の止まっている部分があれば、そこをもみほぐしてあげる。そうすると血液が再び流れるようになり、身体は健康になります。これを産業に置き換えれば、多くの人と対話をして仲間を集め、必要であれば出資をして産業のエコシステム作りを支援することも銀行の仕事だと思っています。宇宙産業で言えば、ロケットや衛星の打ち上げ頻度を高めることで循環するスピードが速くなる。血行を促進するということですね」

プロジェクトファイナンスの課題

多くの銀行から巨額の融資を調達する手法のひとつに「プロジェクトファイナンス」がある。融資先はプロジェクトのために設立される運営会社とその資産を保有する会社で、プロジェクトの資産すべてについて、銀行などのスポンサーが担保権を取る。つまり資産の安全性が融資判断におけるひとつの重要なファクターとなる。プロジェクトファイナンスは主に資源や電力、インフラ分野を対象に、長いもので数十年の償却期間を必要とする大型案件が対象となっている。橋詰はこうした手法も宇宙開発に適用することを検討すべきときに来ているのではないかと話す。

「例えば何百機もの人工衛星を宇宙空間に打ち上げようとすると、巨額の資金が必要です。いままでの資金調達では、まかなえなくなるでしょう。ここでプロジェクトファイナンスなどの検討も必要になってくると思います。その場合にネックになるのは、担保です。事業モデルを考慮に入れると、巨額のプロジェクトファイナンスを組成するためには、担保を設定できるストラクチャリングにする必要があるでしょう」

プロジェクトファイナンスは、すでに多くの事業で使われている手法である。宇宙案件でなぜ担保が問題となるのだろうか。

「宇宙空間は担保権に関する実効性のある条約がまだ存在しません。現状は法律の世界で一定の解釈が成り立つと言われているだけの状況なんですね。つまり、『その解釈は成り立たない』とどこかが判断したとすると、担保権が失われてしまう。そうしますと銀行としても、その解釈が間違いないというレベルの確度までないと、プロジェクトファイナンスを組成するのが難しい状況になります。アセットファイナンスなどの別手法でも同様の問題が発生します。また、衛星の二次マーケットが未成熟であることも、ファイナンスのストラクチャリングを阻害する要因につながっています」

確かに、中古衛星を宇宙空間で売買する市場が十分には確立していないことも、航空機のマーケットとは異なる側面のひとつだ。しかし、運用中の人工衛星に燃料を補給したり、修理や部品交換したりして延命させる軌道上サービスの研究開発は、急ピッチで進んでいる。こうしたことで、軌道上の中古衛星を活用したい顧客が増えれば、状況が変わる可能性は高まると橋詰は見ている。

ケープタウン条約の「宇宙資産議定書」が二〇一二年に採択された。宇宙資産を対象とした担保権の成立について規定した同議定書は、宇宙法の分野では初めての、私法に関する条約である。しかし批准国が少なく、発効には至っていない。前節で宇宙物体登録条約について言及したが、宇宙空間に送られた物体を管轄し管理する権限は、必ずしも所有権とイコールではない。

宇宙空間は難しくても、地上なら可能性があるかもしれない。例えばスペースポートだ。

「スペースポートって、とんでもないコンテンツだと思います。私は米国のスペースポート関係者と意見交換をしていますが、例えばフロリダでは自治体、政府などがスペースポートに必要な資金の三分の二を投下しています。自治体にもメリットが大きくて、宇宙産業のサプライチェーンができて雇用を生んだり、消費が増えたりして、税収も増えます。この仕組みは日本でスマートシティや地域創生に結びつくのではと考えています」

宇宙産業のポテンシャルが高いのは確かだ。一方で成果を出すまでのスパンが、他の産業より長いという現実もある。宇宙開発の裏方として、これからますます金融の力が求められる時代になるだろう。

＊1　赤石一英「ひまわり運用等事業について」『測候時報』（第七九巻、二〇一二年度）
＊2　竹下智「スタートアップ投資のフロンティアとなりつつある宇宙関連ビジネス」『野村資本市場クォータリー　2020年夏号』

4 — 4

宇宙資産の所有と利用の分離

宇宙旅客輸送推進協議会

宇宙ビジネスの振興策

二〇二一年に設立された「宇宙旅客輸送推進協議会」という民間団体がある。私がこの団体に注目したのは、代表理事がＪＡＸＡ参与の稲谷芳文、理事にはＩＨＩエアロスペース元社長の牧野隆、東大教授の中須賀真一が在籍しており、いずれも本書で紹介したみなさんだからだ。話を聞いてみると、自分たちで事業をやろうとか、資金を集めようとかしているわけではない。産官学から宇宙に関連した最前線のメンバーが集まって、宇宙開発の未来を語り合い、そのためにはいま、何をするべきかを真摯に探求している。

具体的なテーマを言えば、「宇宙旅客輸送」と銘打っているだけに、サブオービタルの有人飛行、宇宙空間を経由する高速二地点間旅客輸送（以下、Ｐ２Ｐ）、それに低軌道における一般向けの宇宙旅行などの事業を取り上げている。検討の方法は、二〇四〇年に達成すべき将来像をまず描いた上で、民間ビジネスとして実現するための技術課題を考察したり、政府に対して必要な環境を整えるよう提言したりするというものだ。

将来的に地球周回だけでなく、月や火星を含めた宇宙活動と、その輸送体系の実現に向けて貢献することも目的としている。

このように宇宙空間を活用した有人旅客輸送のビジネス化に向けた様々な検討が行われているが、本節では直近の研究である宇宙資産の所有と利用の分離について紹介したい。

現場を知るコンサルタント

宇宙旅客輸送推進協議会　永井希依彦理事
（有限責任監査法人トーマツマネージングディレクター）

宇宙旅客輸送推進協議会理事の永井希依彦《きよひこ》は、プロフェッショナルファーム大手「デロイト トーマツ グループ」の有限責任監査法人トーマツで、新規事業を担当するマネージングディレクターだ。その経歴がなかなかユニークだ。

永井はアメリカの大学院を修了した国際派であり、国内の大手重工メーカーに就職したのち、デロイト トーマツ グループの有限責任監査法人トーマツに転職した。永井は航空宇宙防衛担当としてコンサルティング業務を担当していたが、二〇一六年にトーマツを退社し、エンジニアの経験を持つトーマツ時代の仲間と共に、航空機のエンジン部品を作る会社を起業した。売り物は、当時としては加工がきわめて難しかったチタンアルミという特殊な合金を使った部品で、永井はCSO＝最高戦略責任者兼CFO＝最高財務責任者として売り込みの指揮をとった。

「中小企業は下請けに甘んじるのではなく、積極的に展示会に参加し、アポイントを取って試作品を持って行けば、エンジンメーカーと直接取引できるというひとつの成功例を作りたかったんです。フランスやドイツの大手から受注することに成功しました」

その部品を使った次世代型エンジンは、エアバスのA320neo、ボーイング737MAXなどに搭載されている。会社は二〇二三年に上場するなど、順調に成長を遂げている。そんな成功体験がありながら、永井はトーマツに復職した。

「一定の軌道に乗ると、あとはラストワンマイルの仕事になるので、ある程度の時間が必要になるんですよ。そのための時間を費やすよりは、コンサルティングのような、サイクルの短い仕事のほうが自分には合っていると感じたのです」

永井のように実際の現場を知るコンサルタントは貴重な存在だ。その永井が宇宙旅客輸送推進協議会で、グループの中心になってまとめた提言が「宇宙資産の所有と利用の分離」だ。サブタイトルが「アセットファイナンスという視点の重要性」となっている。これについて紹介したい。

資産の信用力で資金調達する

宇宙旅客輸送推進協議会のこれまでの検討で、二〇四〇年時点での宇宙輸送マーケットの市場規模は世界で一六兆円に成長し、P2P、サブオービタル有人飛行、それに地上と宇宙滞在施設間輸送の市場規模が全体の八七％を占めると想定している。具体的には二〇四〇年で旅客数が七八〇万人、輸送重量は一八万トンである。

これを前提にして、天候や夜間などに左右されない宇宙機の開発や社会のルール作り、政府の支援の在り方などについて協議会として検討を重ねてきた。

いまは各社とも技術開発の段階だからほとんど検討されてこなかったが、二〇四〇年のビジネス段階で重要となってくるのが、資金調達における社会経済構造の在り方だ。そこで永井たちの提案したのがアセットファイナンス、つまり資産の信用力によって資金を調達する方法である。これを航空機の歴史で類推すると理解しやすい。

世界の民間旅客機の発着回数は、一九八〇年代が四万回前後だったのに対し、コロナ禍前の二〇一八年には二〇万回近くにまで増えている。それに歩調を合わせるように、運航機材の数も右肩上がりで増えている。注目すべきはリース機材の割合だ。一九八〇年には一・六％にすぎなかったのが二〇〇〇年には二五％、二〇二〇年には四八％にまで増えているのである。つまり世界の飛行機の半分は、航空会社の所有ではなく、誰かから借りている機体なのだ。永井は、関係者すべてにとって都合のいい方法だと解説する。

「リース会社のメリットに加え、金融機関にとってみればお金の借り手が増えますし、メーカーにとってみれば売り先が増えます。コロナ禍のようなことが起きれば輸送需要は乱高下しますが、エアラインにとってみればそれに合わせて機数を調整できます。まだ信用力がない新規参入の格安航空会社にとっては、リースで航空機を運行できます。フルサービス航空会社の利用客にとってみれば、常に新しい機体に乗ることができます」

三方良しどころか、六方良しである。航空機ファイナンスの導入で、より安価だったり、より品質の良かったりする航空輸送サービスが提供され、利用者にとって使い勝手が向上したのは確かだ。

「こういった所有と利用の分離が、市場をドライブするのに一役買ったと思います。そうであるならば、宇宙も二〇四〇年の世界観として、同様の仕組みがあってもいいんじゃないかと考えて、議論したわけです」

宇宙のアセットファイナンスとＰＦＩ

通常の融資を考えてみると、金融機関は融資先の会社が潰れないか、相手の人が返してくれるかどうかを見きわめ、融資額に見合うだけの物件に担保を付けた上で、貸し付けることになる。

「資産を担保にお金を借りるとき、担保の価値が今後も維持できるかどうかがポイントになってきます。ということは、利用と所有を分離して、宇宙資産に金融機関がお金を付けようと思ったら、パラダイムシフトが必要になってきます」

航空の世界であれば、航空会社の資産である航空機は、繰り返しての使用が前提となっている。機体の移動にはパイロットが必要となるが、専門に対応する会社があって問題はない。つまり航空機は現金化の可能な流動資産であり、担保としての資格を有している。

宇宙の世界はどうだろうか。輸送サービスの手段であるロケットは、以前は基本的に使い捨てだった。しかしスペースXがファルコン9で成功してから、再使用型のロケットが増えてきた。ロケットは再使用型といってもいまは数回だから、一般的に耐用年数が二〇年以上とされる航空機とは比べ物にならない。ただし今後、再使用できる回数が増えていけば、航空機と同じような担保価値を持つ可能性はあるだろう。

宇宙における民間資産で、いまのところ資産価値の最大なものは衛星だ。通信衛星や放送衛星、観測衛星など様々な種類があるが、その担保価値はどうだろうか。航空機の操縦のようにマニュアル化されているわけではないから、債権者が差し押さえるのは難しい面がある。飛行機や土地のように、転売が容易とも言えない。それでも、アセットファイナンスの可能性をうかがわせる事例が出てきている。それは衛星に搭載された電波の送受信機（トランスポンダ）で、そのリース市場は一定の規模がある。顧客はトランスポンダと地上局を用いて、映像や音声、データなどを送受信する。ＪＡＸＡでは定常運用終了後の衛星を民間事業者に譲渡するスキームを検討し、事業者の公募を実施した。衛星の寿命は、姿勢制御を行うための燃料切れによることが多いが、燃料補給機が実用化すれば、衛星の資産価値は大きく上がることになり、衛星の再使用や中古市場が拡大することになるだろう。

その場合、金融機関が独自に資産価値を査定しなければならない。つまり銀行が、そうした能力のある人材を確保し、衛星などの物件を売買できるノウハウを持つ必要が出てくる。

宇宙旅客輸送推進協議会の調べでスペースポートについては、NASAや米空軍が予算を確保して建設した発射場を、スペースXなどの民間企業にリースする例が見られるという。

さらにスペースXの子会社がテキサス州に「スペースXスターベース」というロケット発射場を作り、スペースXが施設を借り上げている。この際のファイナンスの仕組みは公表されていないが、スペースXのコーポレートファイナンス、特に株式や新株予約券との引き換えをベースにしたエクイティファイナンス（株主資本による資金調達）と言われ、金融機関から資金調達をしていると見られている。

日本でもロケット発射に対する需要が高まってくれば、PFIの手法を使ってスペースポート建設が計画される可能性もあるだろう。ロケット発射場ではないが、風洞実験や、大気圏に突入した際の圧力を測る試験設備には、一部でPFIが導入されている。

「運営事業者が投資をして、スタートアップも利用できるデュアルユースの射場として整備したり、近隣の広大な空きスペースを活用して教育や研究、観光などで活用したりすることも考えられます。宇宙設備で民間需要を取り込むことによって、基礎的なインフラの運営を安定化させたり、リスクやコストをシェアしたりするということが考えられるのではないかと思います」

二〇四〇年の宇宙輸送に対する需要と供給を検討し、供給がボトルネックになっているとするなら、供給を増やすためにアセットファイナンスを活用すべきだという議論である。こうした検討を踏まえて永井は、宇宙開発における戦略的なマッピングの重要性を強調する。

「誤解を恐れずに課題を申し上げると、日本の宇宙開発はどちらかというと声が大きい人の意見が通ってしまっているということなんです。これに対して私たち宇宙旅客輸送推進協議会は、きちんとした開発ロードマップを作らなければならないと言っています」

宇宙開発はどうしても事業のスパンが長くなるし、過去からの積み上げだけでは将来の需要予測も難しい。だからこそ、既存の実績で評価し分配するのではなく、バックキャスト方式で未来からいまを見るという作業が必要になる。

いまはロケットを製造しているメーカーが、ＪＡＸＡからの移管も含めて自前で打ち上げているが、将来的には海外から外車を輸入するように、外国製のロケットを輸入して打ち上げたり、リース会社が、再使用可能なロケットを普通に貸し出したりする時代が来るかもしれない。スペースポートも、アメリカや中国がほぼ毎週打ち上げているような体制を日本でも取るためには、さらに何カ所かの建設が不可避だろう。こうした場合に備えて、民間の資金と経営手法を取り込むための制度設計やファイナンスの在り方を具体的に検討していく必要がありそうだ。

第5章

月で調べる

月面探査

5－0

イントロダクション

アルテミス計画とスリム

アルテミス計画

アポロ計画で月に人類を送り込んだアメリカはいま、アルテミス計画に取り組んでいる。アルテミスは、ギリシア神話でアポロの双子の姉にあたる月の女神だ。つまりアルテミス計画は半世紀を経たアポロ計画の再来を意味している。しかも再び月に行くだけでなく、月を探査し、人類の活動の拠点を築き、さらには火星探査も目指して進めているＮＡＳＡのプログラムだ。

これには様々なプロジェクトが含まれている。ボーイングの開発する全長約一〇〇メートルの超大型ロケット「ＳＬＳ＝スペースローンチシステム」は月へ二七トンの積み荷を輸送する能力を持つ。ロッキード・マーティンが開発を担当している「オリオン」は、カプセル型の宇宙船だ。さらに月や火星に向けた中継基地である有人の拠点「ゲートウェイ」、有人着陸機計画、月面に様々な貨物を有償で運ぶ輸送サービス計画など、その取り組みは多岐にわたっている。そこには地球を離れた遠い宇宙空間で、持続的に活動できるようにする狙いがある。

具体的な目標としては、二〇二六年に宇宙飛行士の月面着陸、二〇二八年までに月面基地の建設開始を目指している。

アポロ計画はアメリカ単独で実施したが、アルテミス計画ほどの規模となると、一国で取り組むのは難しい。そこで二〇二〇年、アメリカ、日本、カナダ、イタリア、ルクセンブルク、アラブ首長国連邦、イギリス、オーストラリアの八カ国が「すべての活動は、平和目的のために行われる」ことなどを盛り込んだアルテミス合意に調印した。内閣府はアルテミス合意について「アルテミス計画を念頭に、宇宙探査・利用を行う際の諸原則について各国の共通認識を示す宣言であり、ルールに基づく透明性のある宇宙探査・利用が広がっていくよう、国際社会において日本が主導的な役割を果たしていきたい」と説明している。

ＮＡＳＡによれば、二〇二三年九月現在で、調印国は二九カ国となっている。

このアルテミス計画で、アメリカは輸送や月面離着陸など、主導的な役割を担う。ＥＳＡ＝欧州宇宙機関は、ゲートウェイ構築への協力や、月測位ネットワークの構築などを検討している。

日本も具体的な動きを始めている。話題になったのは二〇二一年に始まった宇宙飛行士の選抜試験で、二〇二三年に医師と世界銀行職員のふたりが選ばれた。日米両政府は、日本人宇宙飛行士を月面活動に参加させる方向で検討している。

ゲートウェイでは宇宙飛行士の居住棟について、環境制御や生命維持装置のシステムを日本側が提供する方針で、開発が進められている。

これに加え、NASAから日本側に求められているのが「有人与圧」タイプのローバーだ。JAXAによれば、アルテミス計画における「持続的な月面探査」の中心的役割を担うという。

スリム

アルテミス計画とは別に、JAXAが実施しているプロジェクトが小型探査機SLIM＝Smart Lander for Investigation Moon（以下、スリム）だ。二〇二四年一月、スリムが月着陸に成功した。スリムが目指したのは、従来の「降りやすいところに降りる」探査ではなく、「降りたいところに降りる」というピンポイント着陸技術の実証だ。なぜ高精度の着陸技術が求められているかというと、画像データの情報を踏まえて探査すべき内容がいままでより具体的になり、例えば特定のクレーターの岩石を調査したいというリクエストに応える必要があるからだ。日本の月着陸は世界五カ国目だが、他国の着陸精度は数キロから数十キロだった。これに対してスリムの着陸場所は目標から約五五メートルしか離れておらず、目標の一〇〇メートル以内に着陸した。ＪＡＸＡによれば、障害物を自律的に回避して着陸したもので、ピンポイント着陸性能を示す高度五〇メートル付近の位置精度は一〇メートル以下、恐らく三〜四メートルと評価している。

スリム着陸を撮影した小型ロボットの画像を見ると、着陸姿勢は当初の計画とは異なり、メインエンジンが上を向いた逆立ちの姿勢となっている。これはふたつあるメインエンジンの片方で着陸直前にトラブルが発生したためと見られている。このため太陽電池パネルに太陽光が当たらず、発電できないというトラブルも起きた。このように一〇〇％の目標達成とは言えないが、航法誘導に関する技術データ、降下中、および月面での航法カメラ画像データなど、ピンポイント着陸技術に必要なすべてのデータを取得できたとＪＡＸＡは評価している。こうしたスリムの成果は、今後の月面探査に役立つものと期待されている。

人類は、月で何をしようとしているのだろうか。

5－1

民間月着陸

アイスペース

「HAKUTO－R」月面着陸挑戦

「宇宙をやっている人ですとご理解いただけると思うのですが、一般の方から見るとどうしても、着陸したか、しないかで判断されてしまいます。今回は技術開発ミッションでもあり、一〇個のマイルストーンを設定して挑んでおりました。このうち八まではしっかりとサクセスを積み上げることができました。九が着陸だったんですが、ここから残念ながら成功していないということになります。しかし着陸の最終フェーズまで行ってますので、多くの成果を得られたと考えております」

日本の宇宙ベンチャー ispace（以下、アイスペース）代表取締役 CEO & Founder の袴田武史が二〇二三年六月、東京の日本橋で開かれた「月惑星に社会を作るための勉強会」で、企業や団体、大学などの宇宙開発関係者を前に行った講演の冒頭部分である。

二〇二二年一二月一一日、アイスペースが独自に開発した「HAKUTO－R」ミッション1の月着陸船が、アメリカのケープカナベラル宇宙軍基地からスペースXのファルコン9で打ち上げられた。着陸船は高度約一〇〇〇キロで切り離されると、自らの推進システムを使って月へ向かう軌道に入った。約三日で月に到達した有人のアポロ計画とは違って、無人のHAKUTO－Rは燃料の節約を優先し、太陽の引力を利用しながら約三八万キロの航路を約五カ月かけて飛行する。着陸船は順調に月周回軌道に入り、着陸態勢を整えた。ここまでが目標工程の一から八である。

二〇二三年四月二六日未明、着陸船は月面着陸を開始した。成功すれば、月着陸は民間として世界初となる。だが通信が突然途絶え、着陸は失敗した。その理由について袴田は、次のように説明した。

「ソフトウェアが高度を見誤ってしまいました。それがなぜ起こったのかというと、クレーターのふちを通ったとき、高度を計測するセンサーの表示が急激に変わってしまったため、ソフトウェア上ではエラーと認識されてしまいました。このため高度約五キロで着陸態勢に入ったまま燃料を使い切り、自由落下してしまったということです」

クレーターの高低差は約三キロあった。月は重力が地球の六分の一しかなく、月面に着陸する際の制御は難しいと言われてきた。このため、

アイスペース　袴田武史代表取締役CEO & Founder（2022年6月撮影）

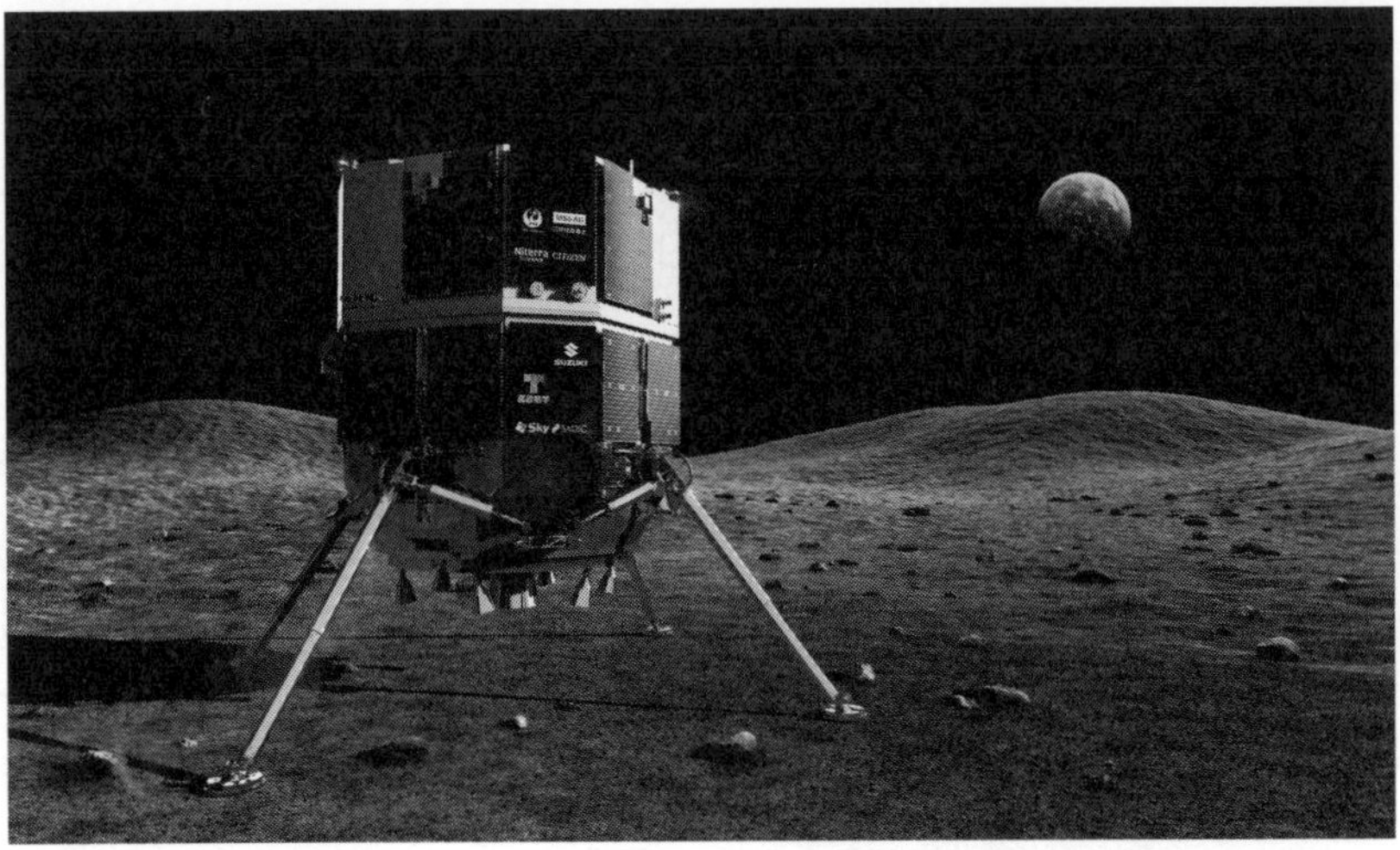

HAKUTO-R 月着陸船イメージ図（©ispace）

アイスペースでは様々なシミュレーションを繰り返してきた。

「実はクレーターのふちが、着陸目標地点から十数キロ離れたところでしたので、そこまでシミュレーションが追いついていませんでした」

宇宙では想定外の事態がどうしても発生する。

「幸いなことにハードウェアはすべて、しっかりと機能しておりましたので、次のミッション2に大きな影響は出ないと考えております」

新着陸船「APEX1.0」も

ミッション1で使用したシリーズ1の着陸船は、着陸脚を広げた状態で幅約二・六メートル、高さ約二・三メートルで、約三〇キロの積み荷を月面まで輸送することができるように設計されている。ミッション1では、アラブ首長国連邦の月面探査ローバー、日本特殊陶業の固体電池、それにJAXAの変形型月面ロボットなど七点が搭載されていた。

アイスペースでは二〇二四年に打ち上げを予定しているミッション2でも、同じシリーズ1を使用する予定だ。ミッション2では、ルクセンブルクにあるアイスペースの拠点で開発した探査ローバーを搭載し、月面探査の技術検証をすることにしている。なおアイスペースでは、ミッション1とミッション2を総称したプログラムとして、HAKUTO‐Rと呼んでいる。

その後のミッション3以降は、アメリカ拠点で開発しているAPEX1.0という新しい着陸船を導入する予定だ。APEXシリーズは最大で五〇〇キロの運搬能力がある。

「一〇〇キロ以上になってきているNASAの需要をメインに考えております。ですのでアメリカの子会社で作っていて、調達もほとんどアメリカでしております」

さらにシリーズ3の開発も着手しようとしている。こちらは日本で開発し、日本やヨーロッパのマーケット向けを想定している。二〇二六年度以降は年間二回の月面輸送ミッションを、さらに、二〇二七年度以降は年三回の月面輸送ミッションを提供可能とする体制を目指している。

『スター・ウォーズ』が原点

袴田は一九七九年、父親が銀行員の家庭で三人兄弟の長男として埼玉県で生まれ育った。子どもの頃、映画の『スター・ウォーズ』を観たのが、宇宙に関心を持ったきっかけだった。少年時代の思い出をもう少し聞いてみると、NHKの「ロボコン」も大好きでよく観ていたという。

「特に世界のトップ校から学生が集まり、混成チームを作って挑戦するのが面白かったですね。ロボコンに出たいと思っていました」

結局、ロボコン出場の夢は果たせなかったが、世界のトップ技術者を集めて混成チームを作り、月着陸船や月面探査ローバーを作るのは、ロボコンの延長線上にあるようにも思える。

袴田は日本とアメリカの大学と大学院で航空工学や宇宙工学、システムエンジニアリングを学んだ。

「宇宙船を作りたいと思うようになりました。しかしそんなお金を出す人は簡単に見つかりそうにない。そう考えたとき、エンジニアが好き勝手に機能を付けて、コストを巨大化しても意味がないんじゃないか。開発や設計の最初の段階から、経済的な合理性を取り入れなきゃいけないって思い始めたのです」

そう考えた袴田は二〇〇六年、帰国して外資系のコンサルティング会社に入り、資金調達やコスト削減の方法を実践的に体得した。

やがて袴田は、Xプライズ財団が主催し、米グーグルがスポンサーを務める、世界初のロボット月探査レース「グーグル・ルナXプライズ」への参加を誘われ、二〇一〇年にチーム「HAKUTO」（以下、ハクト）を率いて参加することになる。優勝賞金は二〇〇〇万ドルだ。袴田はコンサルティング会社を退職し同年、アイスペースを設立する。

レースは全チームが月に到達できず二〇一八年に終了したものの、その前年にアメリカがアルテミス計画を策定したこともあって、世界が月探査に関心を持つきっかけのひとつとなった。ハクトは月面探査ローバーを完成させてレースの中間賞を受賞し、五〇万ドルを獲得した。二〇一七年にはファイナリスト五チームに選出されて、一躍注目を集めた。袴田は二〇一六年から着陸船開発の構想を開始しており、日本初の民間月面探査を目指そうと、HAKUTO-Rの〝R〟にReboot（再起動）という想いを込めて、ハクトプログラムを再スタートさせた。

「ハクトの頃は、上場企業一〇〇社の社長宛に直筆で手紙を書いて会いに行きました。結果的にお金を出していただいたのは一社だけでした」

それが二〇二一年にはインキュベイトファンドなどから五六億円を調達し、「これまで研究開発型スタートアップが大きな資金調達をするのは難しいとされてきたが、見方を覆した」（二〇二一年二月一日付、日本経済新聞）と評価されるまでになった。二〇二三年一一月で、創業からの累計資金調達額は約三八三億円となっている。

現存する技術をフル活用

「こうした月面の輸送ビジネスをやろうというとき、私の考え方として、一番重要なのは技術じゃないと思っています」

技術的に特異性を求めたり、他社より圧倒的に良いものを、時間とコストをかけてやったりするのではなく、まずは現存する技術で、いかに早く月面にたどり着けるかが勝負だという。

「そのために我々は、コンポーネントを外から買ってきます」

袴田によれば、月への輸送で一番難しいのは、着陸するときのエンジンと、エンジンをコントロールするソフトウェアだ。そのエンジンは、ヨーロッパで最も実績のあるアリアングループのコンポーネントを使っている。月面に軟着陸するためのシステムは、アポロ計画でソフトウェアを作ったアメリカのチャールズ・スターク・ドレイパー研究所と共同で開発している。

そうなると、日本はどうなるのだろうか。

「オールジャパンと言った瞬間、日本の能力だけでやらないといけなくなる。つまりグローバルで勝てなくなります。私たちの目標は日本でやることじゃなくて、世界で勝つことです」

それでは、アイスペースの強みは何なのか。

「宇宙開発はシステムが複雑なので、その統合が非常に難しい。アイスペースが担っているのは全体の設計です。これが我々の持っている強みです」

日本の宇宙産業の将来について聞いてみた。

「根本的な課題は、日本だけのマーケットでは成り立たないということです。宇宙事業となると、一国の需要でなんとかなるという規模じゃないんです。グローバルで考えて、最終的になにかしらの利益を日本にもたらすことができればいいのではないでしょうか」

年間一万人が行き来する月経済圏構想

二〇二〇年一二月、アイスペースは月面の土壌をNASAに引き渡す月資源商取引の契約を結んだと発表した。これは日本政府の許可を受けた宇宙資源法の第一号案件である。具体的には月着陸船の着陸脚先端にあるフットパッドに付着した月の砂をカメラで撮影し、そのデータをNASAに引き渡すというものだ。現物を地球に持ち帰るということではない。

袴田が目指しているのは、地球と月の間の宇宙経済圏作りだ。

「地上でも、資源のあるところに人が集まって街が生まれ、経済圏ができていきます。同じことがこれから、宇宙でも行われていくと考えています。その際、我々としては特に、月の水に注目しています」

水を水素と酸素に分解できるようになれば、ロケットの燃料にすることができる。そうなると、宇宙の輸送コストを大きく引き下げることができるようになるだろう。

「NASAも燃料を月で補給して火星に行ったほうが合理的だという調査報告を出しています」

月に千人が暮らし、年間一万人が、地球との間を行き来する。そんな未来の月面都市「ムーンバレー」が、アイスペースの描く二〇四〇年代の目標だ。

「二〇四〇年というと、若干アグレッシブなタイムラインだと思います。しかしいま、何もしなければ、このタイムラインは実現しないというのも事実だと思います。我々の役割は、このタイムラインを実現するためにチャレンジしていくことです。いますぐ、成り立つような話ではありませんが、それを成し遂げるのが我々の仕事、ミッションだと考えております」

アイスペースが先陣を切った月面開発に、次々と参入する日本の企業が現れてきた。次節以降、そうした取り組みを紹介したい。

5－2

月面ローバー開発

トヨタ自動車、三菱重工

NASAのローバー試験

ＮＡＳＡは二〇二二年一〇月、宇宙飛行士が乗り込んで月面で探査を行う車両、月面探査ローバーの走行試験をアリゾナ州の砂漠で報道陣に公開した。一九七〇年代に行われたアポロ計画で使われたローバーは、空気のない月面で船外活動服を着たまま乗る小型のバギータイプで、「ムーン・バギー」と呼ばれた。ＮＡＳＡがいま、計画しているのは、宇宙飛行士が船外服を脱いで居住室であるキャビン内で長期間過ごすことができる、大型の車両だ。そのためにはキャビン内部を空気で満たす、つまり圧力をかける必要がある。船外服を着たまま乗るタイプと区別するため、ＪＡＸＡは「有人与圧ローバ」と呼んでいる。

ＮＡＳＡによれば、公開したローバーはピックアップトラック程度の大きさで、二人の宇宙飛行士が最長で一四日間滞在することができる。試験にはアメリカ

NASAが2022年に公開した月面探査ローバー（提供：NASA）

人の宇宙飛行士だけでなく、日本人宇宙飛行士の星出彰彦、金井宣茂も参加した。新聞やテレビで報道されたから、ご記憶の方も多いだろう。こうしたニュースに接すると、ロケットだけでなく、月面探査ローバーの分野でも、アメリカは先頭を走っているのだと感じられるかもしれない。しかし、実際はそうではない。

ＪＡＸＡ国際宇宙探査センター技術領域総括の筒井史哉は、次のように語る。

「確かにＮＡＳＡは、有人与圧のビークルの研究を長年続けています。しかしあのビークルは、月の上を走れるような状態のものではありません。運用する上で、例えば窓は大きくすればするほど重くなりますから、どのくらいの窓の広さがあれば運転しやすいかどうか、そういった評価をする目的であると聞いています。その結果は当然、トヨタ自動車さんにもフィードバックしています」

試験に使われた車両は一〇年以上も前に開発されたもので、月面で走れるような仕様にはなっていない。

ＮＡＳＡは二〇二三年五月に「次世代有人月面車」の提案を募集したが、これは船外服を着た状態で乗るバギータイプだ。ではどこが有人与圧タイプの月面探査車を研究開発しているかというと、筒井の言うようにトヨタ自動車を中心としたグループである。他国はどうかというと、筒井は「研究レベルではなく、開発に踏み込んだ活動は、他ではないと思う」と話す。

日本独自の月面探査ローバー

トヨタ自動車が中心となって開発を進めている有人与圧の月面探査車、それが「ルナクルーザー」だ。二〇一九年に開発開始を発表し、二〇二二年にＪＡＸＡとの共同研究段階を終了した。その後、ＪＡＸＡから正式に開発委託を受け、二〇二四年に想定している本体開発の開始に向けて、先行研究開発のフェーズにある。二〇二二年末には、有人宇宙滞在技術で多くの知見を持つ三菱重工と、開発そのものを一緒に取り組む業務提携を結び、開発を加速させている。

真空の宇宙空間で、人間が滞在する宇宙施設の内部は空気を満たして圧力をかける、つまり、与圧する必要がある。その結果として生じる内外圧差に耐える構造を設計、製造しなければならない。三菱重工は地球では潜水艦、宇宙では宇宙ステーションで、与圧構造に関する優れたノウハウを培ってきた。

その中で人間が快適に過ごすための生命維持装置についても最先端の技術を持っている。ルナクルーザーの与圧構造は、三菱重工の工場で製造を検討している。

ルナクルーザーのイメージ図（提供：トヨタ自動車）

三菱重工の宇宙事業部プロジェクトマネージャー、仲嶋淳は「与圧構造の宇宙ステーション補給機を長い間、運用していますので、その意味で新たな技術的なハードルは少ないのではないか」と話す。

ＪＡＸＡの筒井は、ルナクルーザーについて「飛びはしませんけど、月面を走る宇宙船だと捉えていただければ」と言う。

月に向けての打ち上げは、二〇二九年を目標にしている。

宇宙飛行士はＮＡＳＡのロケットと宇宙船でゲートウェイに到着し、そこから着陸機で月面に降りてローバーに乗り込むことになる。

現状で検討している大きさは、全長六メートル、全幅五・二メートル、全高三・八メートル。マイクロバスを横に二台並べたサイズで、重さは約一〇トンにもなる。与圧室の内部は四畳半程度の広さで簡易ベッドやトイレが備えられ、通常は二人の宇宙飛行士、緊急時には四人が滞在できる。想定では二人が最長で四二日間、ルナクルーザーで寝泊まりしながら月面探査を続けることになっている。

宇宙飛行士が乗り込んでいない間は、地上などからの指示で自動運転による無人ミッションを行うことも可能だ。

トヨタ自動車は、ルナクルーザーを実現する上で特に重要なコア技術として、再生型燃料電池（RFC）、オフロード走行性能、オフロード自動運転、そして居住性、視認性、操作性などのユーザーエクスペリエンス（UX）の四点をあげる。

過酷な環境に耐えるシステムが課題

月には石油などの化石燃料は存在しない。地球から月に運ぶといっても、運搬の費用は一キロにつき一億円程度かかるとされる。ローバーの燃料をすべて地球から運んでいたら、巨額の経費がかかることになる。

さらに月の一日の長さは地球から見て満月から満月の間、これを地球の時間に換算すると約四週間である。つまり、月面では昼が二週間続き、そのあとは夜が二週間続くのだ。長い夜間は太陽電池が働かない。

一方、月の南極域や北極域には一年中、陽の当たらない「永久影」と呼ばれる場所のあることが確認されている。そこには水が存在する可能性がある。

こうした月の環境を踏まえて検討されているのが、「燃料電池」と「水電解システム」を統合した

「再生型燃料電池」だ。

燃料電池はもともとＮＡＳＡが宇宙船のエネルギー源として、一九六〇年代から開発してきたものだ。使うのは水素と酸素で、それを燃焼させるのではなく、化学反応させて発電する。燃料電池では発電する際、生じるのは水のみで、二酸化炭素は発生しない。システム的にも駆動部分が少ない。クリーンで振動や騒音もなく、できた水は飲料水にもなるというメリットが評価され、アポロ宇宙船に搭載された。

最近は工場などのコジェネレーション（熱電供給）システムで燃料電池が活用されたり、燃料電池自動車（ＦＣＶ）、燃料電池バス（ＦＣバス）や燃料電池トラック（ＦＣトラック）だけでなく、家庭用燃料電池（エネファーム）としても実用化されたりしている。小型で効率よく発電できるため、パソコンやスマートフォンの電源としても実用化が期待されている。

話をルナクルーザーに戻すと、燃料電池なら太陽光発電の働かない夜間でも、走行可能だ。

そうなると課題となるのは、燃料電池で使用する水素と酸素をいかに供給するかだ。そこで着目したのが、月面に存在する可能性の高い水である。何らかの手段で水を採取できたら太陽光発電により、水を電気分解して水素と酸素を生成し、タンクにそれぞれ貯蔵しておく。走行する際は、燃料電池により高い効率で発電して走行用のモーターを駆動する。

現在の地上の発電所は火力発電が主力のため、水素の製造過程で二酸化炭素が排出されることになる。一方、太陽光や風力などの再生可能エネルギーを使えば、二酸化炭素は排出されない。こうして製造された水素は「グリーン水素」と呼ばれる。ルナクルーザーで使われる水素もグリーン水素だ。

大型の太陽光発電パネルを備える。（提供：トヨタ自動車）

ちなみに化石燃料を使って製造される水素は「グレー水素」と呼ばれる。

すでに水からグリーン水素を製造する技術は実用化されており、福島県浪江町では太陽光発電で水を電気分解し、水素を製造する「福島水素エネルギー研究フィールド」が二〇二〇年から稼働している。

再生型燃料電池のシステムが完成すれば、月面で得られる水と太陽光だけで動作し、ランニングコストもゼロである。つまり地球から燃料などを運ぶ必要がなくなるのだ。従来型のリチウムイオンバッテリーに比べて小型軽量というアドバンテージもある。

燃料電池、そして水電解システムはすでに実用化されている。トヨタ自動車の月面探査車開発プロジェクトでプロジェクト長を務める山下健は、実現に向けた課題について「やはり月という非常に難しい環境で、それを正常に作動させるということだと思います」と語る。

月には大気がほとんどないため、最高気温は摂氏一二〇度以上、最低気温はマイナス一七〇度以下と、寒暖の差が約三〇〇度にもなる。しかも強烈な宇宙放射線が降り注ぐ。電子機器が誤動作したり、機能停止したりしかねない。JAXAはルナクルーザーの寿命を一〇年、総走行距離を一万キロと想定しており、長期間にわたって過酷な環境に耐えなければならない。

ルナクルーザーの水電解システムについては、三菱重工が主に担当することになった。その経緯について同社の仲嶋は、次のように説明する。

「三菱重工は宇宙部門ではなく、海洋関係の電源システムとして、水電解システムを研究しています。そういう技術もあって今回、連携させていただくことになりました」

水電解システムを大規模に展開すれば、月から地球や火星に行くロケットの燃料も確保できることになる。

もちろん、課題は山積している。仲嶋はこう続ける。

「水を電解して水素と酸素を作り、貯蔵し、燃料電池で電力を作るというそれぞれの工程で、効率を高めていかないといけない。しかも限られた閉鎖的な空間ですので、小型、低消費なものを開発しなければなりません」

JAXAは、再生型燃料電池を開発する提携先にホンダが参画すると二〇二二年に発表している。ホンダのシステムは、コンパクトで軽量なのが特徴とされる。今後JAXAは、オールジャパンの体制をより強化するのだろう。

再生型燃料電池のシステムが完成すれば、用途はなにも月面探査車に限られるものではない。トヨタ自動車の山下は「本業であるモビリティカンパニーとして、車両での利用にもつなげていきたい」と話す。離島や人里離れた施設、災害被災地や紛争地帯の難民キャンプなどでの活用も考えられる。カーボンニュートラルへの貢献をはじめ、エネルギー供給の選択肢を大きく広げることになるだろう。

オフロード走行性能を追求

月面は数万個にも及ぶと見られる大小様々なクレーターで覆われている。これは隕石が衝突した名残で、大気がないために風化せず残っている。JAXAによれば、標高が最も高い地点と最も低い地点との差は二〇キロ近くにもなる。その上、表面はレゴリスと呼ばれる粉末状の砂で覆われている。レゴリス粒子の大きさは一定ではないが、じん肺を引き起こす健康リスクが指摘されるほど、きわめて細かいものが多い。重力が地球の六分の一しかないため、舞い上がったレゴリスはローバーの機器に付着して詰まらせ、故障の原因ともなりかねない。それだけではない。車輪のグリップ力を低下させたり、車輪を空転させたりする恐れがある。大きな岩石もあれば、急な傾斜もある。

そこでトヨタ自動車は、ブリヂストンと協業して専用のタイヤ開発を進めている。地上でタイヤといえばゴム製だが、ゴムは月面の強い宇宙放射線や極低温で劣化がきわめて早いと予想される。さらに真空状態のため、ゴムタイヤに空気を詰めて、もしパンクした場合、破裂の衝撃がすさまじいものになる恐れがある。そこでブリヂストンは独自の技術で金属製のタイヤを開発し、鳥取砂丘の専用施設で実用化に向けたテストを始めている。この取り組みについては、次節でご紹介したい。

トヨタ自動車は原寸大のテスト車を製作しているところで、東海地区にあるトヨタ自動車の研究開発施設に月面を模したテストコースを作って、走行試験を近く始めたい考えだ。

道なき道を進む自動運転技術

地上ではナビゲーションシステムが普及し、知らない場所に行くとき、もはや地図帳を広げることはなくなった。しかし月面では、そうはいかない。まだ月でGPS衛星は飛んでいないからだ。では地図を頼りに行こうとしても、道路もなければ、目印となりそうな建物もない。月面は荒涼たる風景が広がっているばかりだ。人間の目視によるルート判別は困難だ。そうなるとルナクルーザーは自分で自分の場所を測定し、障害物を検知し、経路を策定しなければならない。

そこで、電波を用いて自車の位置を推定する「電波航法」、恒星の位置から自車の傾きを推定する「スタートラッカー」、加速度から速度や移動量を推定する「慣性航法」などを組み合わせる。その上で、地上の自動運転でも活用されているレーザー光を利用した三次元測量で障害物や路面の勾配などを把握し、目標に向かって最適な経路を探索する。

自動運転技術についても、新設するテストコースで検証することにしている。

トヨタ自動車の山下は、「道も地図もGPSもない月面での自動運転開発は、地上においても様々な環境で活用できるようになります。道なき道の踏破だけでなく、災害時に遠隔自動運転による被災状況の確認をはじめ、危険な地域の物資輸送にも貢献できます」と、月面のローバーにとどまらない開発意義を強調する。

探査クルーが快適に過ごす工夫

最後は、人間に関わる技術開発だ。ルナクルーザーによる月面探査ミッションでは二人の宇宙飛行士が約一カ月間、四畳半程度の空間で共同生活することを想定している。窓の外を見ても、一面モノクロの世界で、地上とは運転環境がまったく異なる。このような中でも、宇宙飛行士にはできる限り快適な居住空間と操縦機能を提供し、クルーの精神的な負担を減らしたり、操作ミスなどのリスクを低減したりしなければならない。

トヨタ自動車の山下は、「四畳半の中で一カ月間、二人で暮らすというのは正直、『どんなストレスがあって苦しいんだろう』みたいなところがあります。見方を変えると、どうしたら気持ちが盛り上がり、快適な空間になるのかという視点を持った開発は、実は地上の車が自動運転になって、乗る人が運転しなくなったとするならば、その中でどういう過ごし方をするのか、乗車中にどういったかたちで楽しんでいただくかというところにも還元されると思っています」と語る。

自動運転車では車両のウインドウが全面ディスプレイに切り替わり、様々な映像を投影して乗る人を楽しませるといったアミューズメント技術がすでに開発されている。

いくら専門的なトレーニングを受けた宇宙飛行士であっても、閉鎖空間に一カ月も閉じ込められるというのは、かなり過酷な状況だと推測できる。そこで、パブリックとプライベートの両立が求められることになる。

トヨタはリアルな居住空間を想定しながら、原寸大のキャビンモックアップやドライビングシミュレーターなどを用いた安全性、快適性の検証を着実に進めるという。将来的には、火星探査ミッションを有人で行うことが想定されている。地球から遠く離れた極限状態で、人間が精神の安定を保ちながら過ごすための準備にもなるだろう。

これまで説明した四つのコア技術以外にも、課題は山積している。機器の駆動によって生じる熱は、地上では空気を使って放熱できる。しかし真空状態では困難だ。このため、不要な熱は電動で強制的に排出する必要がある。地上では大気で遮られている宇宙放射線対策も課題だ。精密機器などITインフラが宇宙放射線で誤動作したり、壊れたりする恐れがある。そうならないためにはなるべく地上から通信でその機能を補うというのがひとつの方法であり、大量で安定した通信の確立が不可欠だ。

月開発計画の行方を左右する「LUPEX」

ルナクルーザーの開発は、月に水のあることが前提となっている。水は本当にあるのだろうか。

アポロ計画でアメリカは月から約四〇〇キロの月の石を持ち帰った。分析の結果、水は見つからず、月に水は存在しないと長い間、考えられていた。しかしNASAが、その後に収集された観測衛星のデータを詳細に分析した結果、「月の北極と南極には確かに氷が存在することを証明するデータが得られた」と、二〇一八年に発表した。

月面で活動する LUPEX ローバのイメージ図（提供：JAXA）

　これを踏まえて、月面での水の利用に関する計画がにわかに脚光を浴びるようになったのだ。そこでＪＡＸＡは、インド宇宙研究機関と共同で、月極域探査ミッション「ＬＵＰＥＸ《ルペックス》」を計画している。このミッションではインドが月への着陸機を提供し、日本側はロケット、それに月面探査する無人ローバーと観測機器を提供することになっている。上空からの分析ではなく、実際に水を確認し、どこにどのくらい存在するのかを明らかにするのが目的だ。

　その「ＬＵＰＥＸローバ」を開発するのが、三菱重工だ。ローバーのサイズは、打ち上げ時で縦約一・八メートル、横約一・五メートル、高さ一・五メートルで、観測機器を含む質量は約三五〇キロ。月面では展開式の太陽光発電パネルや、ナビゲーション用カメラを縦方向に伸ばす。岩石やクレーターなど複雑で険しい地形でも走行できるよう、足回りはタイヤではなく、「クローラー」と呼ばれるベルト式の無限軌道で移動する。

水の探査に関しては、月面から約一・五メートルの深さまでドリルを使って掘削し、任意の深さの土壌のサンプルを採取することができる機構を備える。さらに採取したサンプルを加熱してガス化し、水がどれくらい含まれているかを分析する装置も搭載する予定だ。

三菱重工の仲嶋は、ＬＵＰＥＸローバ開発も、トヨタ自動車と協力関係にあると説明する。

「安全、かつ正確に目的地までローバーを移動させる技術を開発するにあたって、トヨタ自動車さんから技術サポートしていただくとともに、ＬＵＰＥＸローバが先行して月面を走行するということで、月面環境での走行実証とデータ取得した様々なデータを、有人与圧ローバの開発に活用していきたいと考えています」

ＪＡＸＡはＬＵＰＥＸの打ち上げについて、二〇二四年度以降を予定している。

水が存在するのは確かだとしても、どのくらいの量が存在するのかなど、詳しいことはまだほとんどわかっていない。その意味で、ＬＵＰＥＸの探査は、今後の月開発計画の行方を左右する、重要な任務になるのは間違いない。

5－3

鳥取砂丘
月面化プロジェクト

鳥取県、ブリヂストン、
amulapo、大学生グループ

課題先進県鳥取

「スタバはないけど、日本一のスナバ（砂場）があります」

この名セリフで一気に知名度を上げたのが鳥取県の平井伸治知事、そして鳥取砂丘だ。鳥取砂丘は、鳥取県東部の日本海沿岸、東西一六キロ、南北二キロに及び、日本最大級の砂丘である。その一部は山陰海岸国立公園の特別保護地区に指定され、国の天然記念物にもなっている。

鳥取砂丘の魅力は最大で九〇メートルに及ぶ高低差だ。すり鉢と呼ばれる大きな窪地があり、あたかも砂漠を思わせる雄大な景観が広がる。観光客がまだ立ち入っていない早朝には、強い海風が描いた風紋と呼ばれる美しい波状の模様を見ることができる。ラクダが歩き、パラグライダーが飛ぶ鳥取砂丘は、鳥取を代表する観光地である。

観光客で賑わう鳥取砂丘（提供：鳥取県）

ちなみにスターバックスコーヒーは二〇一五年、全国都道府県の最後として鳥取に出店した。オープン初日には千人もの行列ができたという。

ほかにもディスカウントストア大手、ドン・キホーテの出店（二〇一六年）が本州最後という鳥取は、日本を代表する課題先進県でもある。人口は約五五万人で、全国の都道府県で最も少ない。国立社会保障・人口問題研究所が二〇一八年に公表した資料によれば、鳥取県の人口は二〇三五年には五〇万人を切り、二〇四五年には約四五万人で、二〇一五年を一〇〇とすると七八にまで落ち込むと予想されている。これに対して高齢化率は全国平均を大きく上回り、少子高齢化が顕著である。大手家電メーカーの撤退など産業の空洞化が進み、商店街の衰退、空き家率の上昇でコミュニティの機能が維持できなくなると懸念されている。

こうした中、地域浮揚策のひとつとして鳥取県が目をつけたのが、鳥取砂丘だ。

地域活性化の新プロジェクト「星取県《ほしとりけん》」

「全国星空継続観察」は、大気の環境保全に関する意識を高めるため、環境省が以前、肉眼や双眼鏡、それにカメラを使った身近な方法で実施していた事業だ。

このプログラムで全国一位を獲得したことのある長野県南部の阿智村は、「環境省認定の日本一星空が綺麗な村」をキャッチフレーズに「天空の楽園」観光をPRしている。

しかし鳥取県も負けてはいない。鳥取市郊外にある国内有数の公開天文台「さじアストロパーク」が何度も同じプログラムで日本一に輝いているのだ。中には、星空が有名なハワイのマウナケア山の山頂に匹敵するレベルの年もあったほどだ。

九月一二日は、日本人初の宇宙飛行士に選ばれた毛利衛がスペースシャトルで飛び立った日を記念して「宇宙の日」とされている。偶然の一致なのだが、鳥取県が誕生した日を記念した「とっとり県民の日」も同じ九月一二日なのだ。

一方で星空に関する関心度をリサーチしてみると、首都圏では「星空を眺める旅」が人気だったり、プラネタリウムはもとより、星空のプロジェクションマッピングなどが好評であったりすることがわかった。

星空や宇宙に対する関心は高まっている。そう判断した鳥取県は二〇一七年、地域活性化に向けた新たなプロジェクト「星取県」を立ち上げた。「星取県フォトコンテスト」をはじめ「星空ヨガ体験」、

「グランピング☆スターツアー」、さらにはビールや電子マネーとのコラボ商品まで、様々な事業者や団体と連携して、星空と宇宙をテーマにした取り組みを展開している。

中でも宇宙ビジネス創出に向けた柱となる事業が「鳥取砂丘月面化プロジェクト」である。

鳥取砂丘月面化プロジェクト

宇宙開発における最も困難な点のひとつが、まったく同じ環境でのテストの実施がほぼ不可能ということだ。月面は空気がなく、重力は地上の六分の一しかない。最高気温は一二〇度以上、最低気温はマイナス一七〇度以下と、寒暖の差が約三〇〇度にもなる。しかも強烈な宇宙放射線が降り注ぐ。すべての条件を一度に満たすのは無理だが、例えば微小重力環境は航空機が放物線を描く飛行を行うことで数十秒間の短い時間なら得ることができる。アメリカはアポロ計画で月に人類を送るため、アイスランドにある「地上類似施設」で宇宙飛行士に月面歩行の練習をさせていた。玄武岩の地質が、月面と似ていると考えられたからだ。

そこで、鳥取砂丘の出番だ。鳥取砂丘は中国山地から流れてきた花崗岩が風化して砂となり、日本海側から吹き付ける風で内陸部にまで運ばれ、長い年月をかけて十数万年前に形作られたと考えられている。

かつて砂丘は農地に適さず、風で一夜にして地形が変わってしまうため道路を作ってもすぐに砂で埋まってしまう、地元にとっては迷惑な存在だった。

鳥取大学は、前身の鳥取高等農業学校時代の一九二三年から、そんな鳥取砂丘の農業利用にチャレンジしてきた。一九五三年に国内で初めてスプリンクラーの灌漑実験を行って実用化に成功し、その成果を国内に広めたのは鳥取大学農学部だ。鳥取砂丘に立地する浜坂キャンパスは国立公園に指定されている地区の西隣にあって、国立公園法の制限を受けない。一九九〇年には「乾燥地研究センター」が発足し、国内はもとより世界中から研究者が集う世界有数の乾燥地研究所として知られている。さらに鳥取大学は、地域の課題解決に取り組むため二〇二一年に「とっとり浜坂デジタルリサーチパーク構想」を策定し、その一環として浜坂キャンパスを大学と企業、自治体の連携拠点とすることを計画した。

一方で鳥取県は民間企業の宇宙関連ビジネスへの参入をあと押しするため、二〇二一年に「とっとり宇宙産業ネットワーク」を設立した。二〇二三年七月現在で約一〇〇団体が加入し、その八割が県内企業である。

同じ二〇二一年には「鳥取砂丘月面化プロジェクト」を打ち出した。鳥取砂丘を月面に見立てて、月面開発に挑戦する宇宙産業の創出に活用しようという試みだ。そこで鳥取県と鳥取大学が連携して、浜坂キャンパスに疑似月面環境実証フィールド「ルナテラス」を整備し、二〇二三年七月にオープンさせたのである。

ルナテラスは面積が約〇・五ヘクタールで、利用者自身がニーズに応じて掘削したり造成したりすることが可能な自由設計ゾーン、それに五度から二〇度の傾斜角を利用できる斜面ゾーン、および平面ゾーンからなる。隣接して、三次元測量やＩＣＴ建機操作技術の研修などを実施できる建設技術実

ルナテラスと鳥取県の井田広之課長補佐

証フィールドも整備された。開所式には利用予定企業を代表してブリヂストンも参加した。

ＪＡＸＡ相模原キャンパスには、月面を模した屋内施設の「宇宙探査実験棟」があるが、面積は約四〇〇平方メートルで、ルナテラスはその一〇倍以上の規模になる。このように月面開発に特化した大規模な屋外フィールドは、国内ではもちろん初めてである。その実現には、「スーパー公務員」に選出されたこともある県職員の、未来への道を切り拓きたいという願いが込められていた。

県庁のスーパー公務員

鳥取県は、次世代の産業を生み出そうと二〇二一年、商工労働部に産業未来創造課を立ち上げた。そこで「宇宙・起業支援チーム」を率いるのが課長補佐の井田広之だ。

一九七七年生まれの井田は大学卒業後、銀行員を経て県庁に入庁したというキャリアもあってか、従来の公務員像にとらわれない、アイデアマンである。鳥取の産業を全国に発信したいという思いから、全国の生活者と鳥取県の企業がインターネットで連携して新商品を共創する「とっとりとプロジェクト」を企画し、全国知事会の「先進政策大賞」や、日本デザイン振興会の「グッドデザイン賞2015」を受賞した。経済産業省の起業家を養成するプログラム「始動Next Innovator」にも公務員ながら第一期生として参加し、見識と人脈を広げた。こうした実績が評価され、雑誌『Forbes JAPAN』で、全国の自治体から一二人が選ばれた「スーパー公務員」のひとりに選出されたこともある。

その井田の名刺には、「鳥取県は星取県になりました」と書いてある。名前も「井田☆広之」である。先に紹介した星取県のプロジェクトを提案したのは、井田なのだ。

「二〇一五年頃に企画を考えて宇宙産業を作っていきたいという話を上司にしたのですが、時期尚早ということで見送りになりました」

しかし、井田はあきらめない。商工会議所の会合で講演する機会があり、本題が終わったあとに、自分の思いとして星空と宇宙をテーマにした地域活性化の可能性にも言及した。これに青年部のメンバーが共感し、彼らが県知事に働きかけた結果、トップダウンでプロジェクトがスタートしたのだ。

鳥取県は二〇二一年に「鳥取県産業振興未来ビジョン」を打ち出し、その中で「次世代成長分野の産業創造と需要獲得」を掲げた。そのために発足したのが産業未来創造課だ。井田は観光行政のキーパーソンとなっていたが、強く希望して産業未来創造課に異動した。もちろん、宇宙ビジネスに傾注するためである。

井田に、宇宙に対する関心を抱いたきっかけを聞いてみた。

「鳥取県と地域を盛り上げていくにあたって、鳥取にいる人だけでなく、広く鳥取に関心がある方々だったり、設定したテーマに対して共感を持たれる方と一緒に作っていくのがいいと思っていました。つまり共創です。そういう中で、以前の職場の同僚から『妹が流れ星を人工的に作るプロジェクトをやっている』という話を聞いたとき、非常に面白そうな方だと思いました。こういう、ぶっ飛んだ考え方を持つすごい方と、鳥取県を一緒に盛り上げていきたいと思ったのがきっかけです」

井田は、宇宙に関する情報収集を始めた。そこで初めて、鳥取が星空日本一ということを知ったのだ。

「そんな貴重な財産があるというのに、地域でも知られていなかったのです。そこで、星や宇宙というテーマを鳥取県の新しいテーマとして設定できたら面白いと考えて、二〇一五年に岡島さんにお会いしました」

鳥取県出身の岡島礼奈は二〇一一年にALE（以下、エール）を立ち上げ、宇宙の流れ星をはじめとする宇宙エンターテインメント事業に乗り出した。エールはその後、宇宙のゴミであるデブリの除去事業でも存在感を示し、日本を代表する宇宙ベンチャーのひとつとして注目を集めている。

衛星データ解析の宇宙ベンチャー「スペースシフト」を創業した金本成生も鳥取県出身で、井田は連絡をとって宇宙人脈を開拓していった。

チームハクトが砂丘でローバー走行実験

本章第一節でご紹介したアイスペースは二〇二三年四月、民間として世界初となる無人機による月面着陸の実現寸前までいったことで、日本内外で注目されている宇宙ベンチャーである。ニュースでは月面着陸機が注目されたが、アイスペースの出発点は、重さ約四キロの超小型月面探査ローバーの開発だ。

いまでこそ全国的に注目を集めるアイスペースだが、数年前は一般的な知名度は低かった。井田は、そのアイスペースに注目した。創業者でCEOの袴田武史は内閣府で宇宙産業関係の委員をしており、その席で「試験を鳥取砂丘でもやってみたい。ただし、国立公園にはいろいろ規制がある」という内容の発言をしていたことを、議事録で見つけたのだ。

袴田が取り組んでいるプロジェクトのハクトを漢字で表記すれば白兎だ。月にウサギが住んでいるという日本古来の言い伝えから命名されたのだが、鳥取には古事記の神話に登場する「因幡の白ウサギ」伝説を踏まえた白兎海岸や白兎神社がある。

「鳥取県とハクトはご縁があるに違いない！」

そう直感した井田は袴田に連絡をとり、さっそく会いに行った。井田は思い立ったらすぐに実行する。その段階ではまだ私案にすぎなかった「星空県構想」を「何とか鳥取県の事業として立ち上げ、進めていきたい」と力説し、「ついては鳥取砂丘で試験ができるように県庁内の調整を図るので、一緒にやりませんか」と訴えた。井田の宇宙と地域振興にかける情熱に心打たれた袴田は、その場で「ぜひ」と応えたのだ。これを踏まえて公開の場での平井知事と袴田との面談が実現し、「県側は実証試験を支援し、ハクト側は地域の子どもたちの教育や県内企業の人材育成に協力する」という内容の連携協定を二〇一六年五月に締結した。同時に鳥取県も、ハクトのサポーティングカンパニーになった。

チームハクトは同年九月から三回にわたって国立公園内の鳥取砂丘で、ローバーのフィールド走行試験を実施した。具体的には平地や斜面など砂丘の様々な場所で、スリップしないかなど走破性能を試したほか、三六〇度カメラによる撮影、ファイル転送など電波の送受信テストも行った。

鳥取砂丘での実験で自信を深めた袴田は、鳥取滞在中に白兎神社を訪れ、絵馬に「夢では終わらせない」と書いて奉納した。

宇宙体験のコンテンツを制作する宇宙ベンチャーamulapo（以下、アミュラポ）CEOの田中克明は、大学院生時代にアイスペースでインターンを経験し、卒業後には社員として入社した経歴がある。彼はインターン時代、鳥取砂丘でのローバー実験の準備に関わった。アミュラポはいま、鳥取でも事業を展開している。鳥取砂丘について、田中に聞いてみた。

アミュラポ 田中克明CEO

「大切に保護されているので、景観が美しくて、ゴミもない。その上、砂粒が本当に均質なんです。他の海岸は砂の粒度が粗かったり、ゴミが落ちていたりしますが、こんなに広い面積で、こんなきれいな砂がある場所って見たことがありません」

東京から距離が離れているのも、マイナスにはならない。むしろ、鳥取砂丘は鳥取空港から近いだけに、時間的には他の砂丘に行くより早いくらいである。

グーグル・ルナXプライズのロボット月面探査レースでは、残念ながら、ローバーを運ぶ予定だったインドのチームがロケットの調達ができなかったことからレースへの挑戦は終了した。しかし、チームハクトが鳥取砂丘で目指したデータ収集は無事に完了した。

ブリヂストンのタイヤ開発

前節でご紹介したように、JAXAとトヨタ自動車が国際宇宙探査ミッションとして開発を進めているのがルナクルーザーである。すでに述べたようにマイクロバスを横に二台並べたサイズで、重さは約一〇トンにもなる。その車体を支えるタイヤの開発を担当するのがブリヂストンだ。

「二〇一八年に打診をいただきました。困難な開発であることは承知した上で、人類の夢や移動の革新を支えていくプロジェクトであると考え、我々が取り組むべきものと判断しました」

そう語るのは、プロジェクトの中心を担う「次世代技術開発第1部」で課長を務める今誓志《こんせいじ》だ。一九八二年生まれの今は、大学では機械工学を専攻し、ブリヂストン入社後は「一貫して普通じゃない

ブリヂストンで開発担当の今誓志氏（右）と土谷慶氏。うしろはコンセプトタイヤ

タイヤ、一〇年、二〇年後の世の中にあったら面白いタイヤを開発してきました」と話す。

一緒に取材に応じてくれた同じ課の土谷慶《けい》は一九八三年生まれ。コンピューターによるシミュレーションが専門だが、現場での実験や評価も担当する。

今たちがまず取り組んだのは、素材の検討だ。

「ゴムが使えない。大気で守られている地上でも、紫外線でゴムは劣化します。大気がない月はなおさらで、放射線や太陽光が直撃し、三〇〇度の寒暖差でゴムや樹脂は、長期間使用することが非常に困難です」

また、月の表面はレゴリスと呼ばれる、小麦粉のような細かい砂で覆われている部分が多く、タイヤが空回りして地中に埋まってしまうことなく走り抜けるには、重みが加わったときに柔軟に変形することで広い接地面積を確保できるタイヤが必要となる。一万キロに及ぶミッションにも耐えられる強靭さも求められる。

そこで考えたのが、スプリングのようにしなやかにたわむ、金属を骨格とした構造だ。

右車両の月面タイヤはスプリング構造（撮影：中村育史氏）

実はブリヂストンはこれまで、空気を用いない、特殊な形状の樹脂スポークが変形して柔軟に荷重を支える地上用タイヤも研究してきた。そんな経験も、今回の月面タイヤ開発に活かされている。

地上とは異なる未知の分野はたくさんある。タイヤの表面が金網状だと、非常に細かいレゴリスを不要に掘ってしまったり、タイヤを回転させるとレゴリスを跳ね上げて効率が悪くなったりするかもしれない。では、どのようなタイヤ面が適しているのだろうか。グループで議論するうち、こんな疑問が出た。

「ラクダは、砂の上を余裕で歩くよね。大きくなると一トンぐらいあるらしい。その割に、足は細い。何でそんなに歩けるのだろう……」

さっそく、詳しく調べてみた。確かに足首は細いが、地面に接する足もとは逆に大きく、しかも肉球は柔らかくて、体重をかけると膨れる

表面をカバーしないと、砂を巻き上げて効率が悪い。（撮影：中村育史氏）

ようになっている。足の裏を見てみると、ふかふかと毛羽立っていて、砂を崩さずに押し固めるようになっている。

そこでメンバーのひとりが、スチールウール状の金属でできた柔らかい不織布を探してきた。これをタイヤの表面に巻き付けたのだ。

タイヤの大きさも重要だ。タイヤは大きいほうが障害物を乗り越えやすくなり、接地面積が大きくなる。一方で重くなったり、スペースをとったりするデメリットがある。月まで一キロの物資を運ぶのに一億円かかると言われるほどだから、軽ければ軽いに越したことはない。しかしたとえ重くなっても、沈まなくなって燃費が良くなるのであれば、大きいほうがいいかもしれない。

そのほかにも骨格のスプリング部分をたわませる工夫など、様々な改良が加えられて試作品が完成した。

ルナテラスで試験データを蓄積

「タイヤは、生命を乗せている」

これは以前、ブリヂストンのCMで使われていたキャッチコピーだ。自動車メーカーがどんなに立派なクルマを作っても、それを支えているのは自分たちのタイヤなのだという自負心が感じられる。そのためにはタイヤに絶対的な信頼性が求められる。そこでブリヂストンは徹底的にテストにこだわる。室内で試験機を使って耐久テストに合格すると、テストコースで様々なデータを計測し、乗り心地を含めた評価を行う。ところが今回、月面でテストをすることができない。試験機では細かなレゴリスによる影響を評価することができない。そこで今たちは、月面に類似した場所を探し始めたのだが、これがなかなか難しい。

「まずオフロードで、砂をまいてやってみましたが、どうしても広さに制限がある。それではと海岸に行ってみても、想定以上に凸凹していたり、大きな流木が落ちていたり、砂が湿っていたりする。効率よく狙い通りの試験をすることが難しく、本当に困っていました」

その情報が鳥取県に入り、県とブリヂストンの協議が始まった。さっそく現地を視察した今たちだが、海に近い場所は湿気が多いこともあって、テストには適さない。さらにハクトのときとは違って試験車両やタイヤが大型化し、国立公園内では環境保護など種々の事情から試験実施が難しいという事情もある。アミュラポの田中の協力も得てたどりついたのが、鳥取大学の乾燥地研究センターだった。浜坂キャンパスには、タイミングによっては、作物が植えられていない圃場《ほじょう》がある。その一部を借りられることになった。それがルナテラスへと発展したのだ。

今に、ルナテラスのどこが良いのか、聞いてみた。

「複数箇所で確認しても、砂の粒径や物性が比較的安定しています。走行テストをすると、どうしても轍《わだち》が形成されて凸凹になったり、踏み固められたりしてしまいますが、そこに重機を持ち込んで、自分たちで整備することまでできます」

月面は整地されていないのだが、それでテストになるのだろうか。その疑問には、コンピューターによるシミュレーションを得意とする土谷が答えてくれた。

「我々は論理的にデータを蓄積したいのです。同じ海岸で試験しても『この海岸線、今日はちょっと調子悪いみたい』では、正しいデータが得られません。たとえ条件が変わったとしても、その違いがちゃんとわかる、そういう場所が必要なのです」

ルナテラスでは今後、月面タイヤの耐久性や牽引力、凹んだ場所から抜け出す力などの走行性能をチェックすることにしている。しかし、月の重力は地上の六分の一しかない。そこで土谷の経験が活かされる。

「鳥取砂丘の環境をアポロが採取してきたレゴリスのデータに置き換え、月の重力でシミュレーションすることによる性能評価を計画しています」

ルナテラスの利用については、大手ゼネコンを含め、すでに一〇社以上から利用したいという申し入れがあるという。

拡張現実の技術を使った宇宙体験事業

前出のアミュラポが取り組んでいるのは、拡張現実の技術を使った宇宙体験事業だ。参加者は夜の鳥取砂丘でARグラスをかけて、砂丘の風景に重ね合わせた仮想の月面を体験する。ミッションはアポロ11号の月面着陸や、新たな資源探査などが用意されている。

アミュラポを創業した田中の専門は、ロボットの開発だ。アイスペースのローバーも、ロボットの一種である。

「ロボットはパソコンでモデル化して図面に落とし込み、部品を作って組み立てると、制御してリアルに動きます。ARやVRも、組み立てるモデリングや制御の仕方が一緒なんです。しかも実際のモノを作らない分、お金もかかりません」

アミュラポは、新たな事業展開として産業廃棄物処理の老舗企業、日本サニテイションと提携し、地上で開発されたサニテイション技術を宇宙空間での居住モジュールなどに応用し、資源循環を実現するための技術を開発することにしている。人が住むところにはゴミが出る。ルナテラスを活用しながら、持続可能な社会の構築に貢献するのが目的だ。

ARES Projectメンバーと阿依ダニシ代表（右から4人目）。手前が探査ローバー（提供：ARES Project）

ルナテラスのお披露目に、ブリヂストンとともに参加したのが、ARES Project（以下、アレス）だ。アレスは、毎年、アメリカとポーランドの二カ所で行われている火星探査機の学生世界大会へ日本チームとして初の出場を目指している学生団体プロジェクトだ。

アレス代表で大学院生の阿依《あい》ダニシは、日本に帰化したウイグル族の両親を持ち、小学校のときに宇宙飛行士になると決めて、いまもその夢の実現を目指している。大学では火星探査用の飛行ロボット開発に熱中した。阿依は東北大学、慶應大学、東京大学、筑波大学などの学生約三〇人の仲間と共に、ローバータイプの探査機開発に取り組んでいる。

大会は、土壌サンプルの採取と、その場で生命の検出や分析を行うサイエンスミッション、宇宙飛行士に対する補助を想定したデリバリーミッションなど、四つの競技で成績を競う。

二〇二三年に行われたアメリカの大学ローバーチャ

レンジには、一五カ国からアレスを含む一〇四チームが応募した。上位三七チームがユタ州に招待されたが、残念ながらアレスは選に漏れた。優勝したのは、米ウエストバージニア大学のチームだった。

アレスは二〇二二年に発足したばかりで、ようやくすべてのミッションをこなせるローバーが完成したところだ。できれば様々な場所でテストしたい。そんな思いを抱きながら二〇二三年二月に東京で開かれた国際宇宙産業展にローバーを出展したところ、井田の同僚に声をかけられた。

「海外の大会に出たいという話をしたところ、ローバーを実験できる場所ができる予定だということで『ぜひやりましょう』という話になったのです」

ルナテラスの良さについて聞いてみた。

「砂地で一〇〇メートルの直線コースがとれるところは、ほかではなかなかありません。海岸でゴミ拾いをするビーチクリーンロボットの開発もしていて、その実験にもぴったりです」

それだけではない。井田との話題は「日本版のローバー大会を作りたい」という話にも膨らんだ。アレスのほかに、同様の学生プロジェクトKARURA（カルラ）も世界大会への出場を目指していて、ルナテラスで実験を行うことにしている。鳥取で開くローバー大会には、大学だけでなく一般にも広く参加を呼びかけたい考えだ。

これが実現すれば、ルナテラスは宇宙開発に挑戦する人たちの、いわば甲子園となるかもしれない。広々としたルナテラスを見ながら、「課題先進県」の持つ可能性に思いを馳せた。

第6章

月の水

月面活用

6－0

イントロダクション

月に水はあるか?

月の石

一九六九年七月二一日、アポロ11号の月着陸船「イーグル」が月面に到達し、船長のニール・アームストロングが人類史上初めて、月面に降り立った。続いてバズ・オルドリンも着陸船のはしごを下りて月面を踏みしめた。彼らは約二時間半にわたり船外で月の石を採取したり、写真を撮ったりした。ふたりはアメリカの国旗、アポロ計画で亡くなった乗組員を称えるワッペン、それに「我々は全人類に平和をもたらした」と書かれた銘板を月面に残し、月をあとにした。

アポロ計画では、爆発事故で月面着陸を果たせなかったアポロ13号を除き、一九七二年一二月のアポロ17号まで都合六回にわたり着陸船が月面に降り立ち、合わせて約四〇〇キ

1969年7月21日、アポロ11号が月面着陸に成功。人類が初めて月に降り立った。（提供：NASA）

ロの月の石を採取して持ち帰った。

一九七〇年に大阪で開かれた日本万国博覧会では、アポロ宇宙船が持ち帰った月の石をひと目見ようと、アメリカ館前では連日、入場待ちの長い列ができた。実際に体験した読者もいらっしゃることだろう。かくいう私もそのひとりである。

アメリカが月から持ち帰った月の石の中には「ジェネシス・ロック」、日本語に訳せば「創世記の石」と呼ばれ、太陽系の初期に形成されたと見られる岩石も含まれている。それらのサンプルを分析した結果、水素と酸素を含む極微量の化合物が確認された。

月の起源については諸説あるが、

ジョンソン宇宙センターにあるアポロ月面実験室で、月の石のサンプルを見つめるアルテミス計画の宇宙飛行士と研究者（提供：NASA）

誕生したばかりの地球に巨大な天体が衝突し、その残骸が集まってできたというジャイアント・インパクト説が有力だ。そのとき大量の水が蒸発して宇宙空間に逃げ出し、月からほとんど水が失われたと推測された。きわめて微量しか見つからなかった水素と酸素は、その名残というわけだ。つまり月には、水はほぼ存在しないと、長い間考えられてきた。

月の水

状況に変化が起き始めたのは、一九九六年のことだった。一九九四年に打ち上げられたNASAの月探査機「クレメンタイン」が高解像度のカメラやレーザーなどで月の極地付近を観測した。得られたデータを分析したところ、極地付近のクレーターの中には太陽の光が届かず、常に日陰になっている「永久影」があり、電波による調査の結果、氷が存在する可能性があるとＮＡＳＡの研究者が発表したのだ。

一九九八年にもＮＡＳＡは月探査機「ルナ・プロスペクター」を月周回軌道に投入した。観測結果を踏まえてＮＡＳＡは、月には最大で六〇億トンの水が存在する可能性があると発表した。

二〇〇八年には、最新の解析技術で、米ブラウン大学などの研究チームが、アポロ計画で月から持ち帰った火山性ガラスを分析した結果、〇・一％の水が確認された。水がほとんど存在しないとされてきた従来の説を覆す発見だった。二〇一一年五月三一日付のＡＦＰ通信は、その後の同チームの研究として「これまで考えられてきたよりもさらに一〇〇倍の量の水が、月の地下に眠っている可能性を示唆した」と伝えている。

二〇〇九年にはＮＡＳＡが月探査機「エルクロス」を月面に衝突させて調査した結果、五・六％という高い比率で水分子が観測された。

さらにＮＡＳＡは二〇一八年、インドの月周回衛星チャンドラヤーンが観測したデータを詳しく分析した結果として、月面に水が存在する「直接的、かつ決定的な証拠」をつかんだと発表した。

一方、月に水が存在するという確実な証拠はまだ見つかっていないという専門家の意見も根強くある。たとえ存在したとしても、砂漠に存在する水より少ない量で、利活用は難しいのではないかという話を私は複数の研究者から聞いた。月の水に関するアメリカの最新の研究を踏まえて「考えられていたよりも月面に少ない可能性を示す研究報告が注目を集める」（二〇二三年一一月一九日付、日本経済新聞）という記事を目にするようにもなった。

月に、実用に堪えるだけの水が本当に存在するのか。それは実際に月面を掘って調べてみなければわからないというのが実情だ。

そこでNASAは今後、月への輸送を民間企業に委託する取り組み（CLPS）を使って、水資源探査機「VIPER」を月面に送り、装備されたドリルなどで月面の資源を探査することにしている。

こうした状況を踏まえ、日本は二〇二〇年に閣議決定された「宇宙基本計画」で、「国際宇宙探査への参画」として、次のように水資源探査に乗り出す姿勢を明確に打ち出した。

「月の水資源の有無や採掘の難易度が計画への参画の在り方に大きく影響することから、水資源の存在が期待される月極域にピンポイント着陸し、我が国が主体的に今後の月面における探査等について検討できるよう、移動探査によって水資源に関するデータを独自に取得する」

本章では、月の水に関する取り組みをいくつかピックアップして紹介したい。

6－1

月面で推薬生成

日揮グローバル

VRで月面体験

二〇二三年、東京・お台場にある日本科学未来館で「NEO 月でくらす展」が足掛け半年にわたって開催された。会場内の月面ゾーンでは月着陸船の実寸大模型が展示され、月面重力体験や水資源探査、隕石回収ミッションなど、様々な体験型コンテンツも用意されて、休日はおおぜいの家族連れで賑わいを見せていた。夏休みには期間限定で「夏休み自由研究フェス」が開かれ、「月でくらす展」に出展している企業や大学などの担当者が講師となって、月や宇宙での暮らしを子どもたちに解説した。

このうち「月面の世界を体験！」と銘打った部屋では、月面で水素や酸素を供給できるようにするプラントの視察ツアーを、子どもたちがVR（仮想現実）で体験した。

月の南極の荒涼としたクレーターの中でローバーに

「月でくらす展」でVRを使って月面の世界を体験する子どもたち（日本科学未来館にて）

乗り、自動運転で進むと、巨大なプラントが現れる。ここで月の砂を地中から採掘し、水を取り出してエネルギーに変換するのだ。両側には、製造した水素と酸素を貯蔵するタンクが整然と並んでいる。全周囲を見渡せる三六〇度映像で、後ろを振り返ると、巨大なクレーター全体を望むことができる。地平線の先には地球が見える。月の南極から見ているため、地球も南極が上になっている。空を見上げると天の川がまばゆいばかりに輝いている。子どもたちは下を見たり、上を向いたりしながら、ひとときの月面体験を満喫していた。

このプログラムを提供したのが、日揮グループで海外のプラントや施設の設計・調達・建設事業（この三つをまとめてEPC事業という）を担当している日揮グローバルだ。一九二八年に日本揮発油株式会社としてスタートした日揮グループは、精製した石油製品や液化天然ガス、石油化学製品などを生産するための製造設備を設計・建設するプラントエンジニアリングの分野で、日本の高度経済成長を支えてきた。エネルギー以外でもライフサイエンスや産業インフラのプラントEPC事業も請け負い、プロジェクトの実績は世界八〇カ国で二万件以上にのぼる。取引先が国営石油会社や企業に限られるため一般的な知名度は高くはないが、総合エンジニアリング事業の専業企業として日本で最大手である。

若手社員発の月面プラントユニット発足

日揮グループのプラントEPC事業は高温高圧や、逆に超低温を扱う場合も少なくない。その立地も、乾燥して寒暖の差が激しい砂漠だったり、ジャングルの湿地帯だったり、極寒の永久凍土だったりと、極限の環境にも耐えうるような設備が求められることも多い。

こうした様々なニーズに合う技術の目利きや技術統合力を活用して、一九八〇年代から宇宙関連事業もいくつか手掛けてきた。例えば、フランスの宇宙関連企業による微小重力環境サービスの提供を仲介したり、国際宇宙ステーション用のロボットアームを開発したり、さらには宇宙での食料として、雌雄の区別なく繁殖できるエスカルゴの飼育技術を開発したりしてきた。しかしビジネス展開の難しさから、二〇〇〇年代初頭にこうした事業は縮小や中止を余儀なくされた。

状況が変化したのは二〇一八年のこと。若手を中心に新技術の検討を行っている社内のワーキンググループで、「宇宙産業を調べたい」という声があがり、月面プラント調査案件が採択されたのだ。

提案したのが、そのときまだ入社四年目の深浦希峰《きほう》だ。

一九九一年生まれの深浦は、祖父母が一九五〇年代に長崎県から移民して開拓した南米ボリビアの日本人村で、日系三世として育った。

「平屋の建物しかありませんでしたが、その分、満天の星が広がっていました」

少年時代の深浦にとって、テレビで見たスペースシャトルの映像は衝撃的だった。アメリカや日本で行われている宇宙開発に、強い憧れを抱くようになった。将来は宇宙に関わる仕事に取り組みたいと夢見ていた深浦は、一一歳で日本に移り住んだ。大学では機械工学について学び、ロケット開発に取り組むサークルの代表も務めた。縁あって日揮（当時）に入社し、プラントエンジニアとして配管設計を専門にキャリアを積み始めた深浦だったが、アルテミス計画やＪＡＸＡの発表資料を見て、自分にもできることがあるはずとひらめいたのだ。

同じ一九九一年生まれの森創一は、機械エンジニアだ。

「親友のお父さんが三菱重工のロケットマンで、夏休みに遊びに行ってロケット開発の話を聞かせてもらったり、『アポロ13号　奇跡の生還』という本をもらって読んだりして、頭の片隅に宇宙がいつもありました。ＪＡＸＡ筑波宇宙センターの近くで小学校時代を過ごしたことも、影響していると思います」

そんな森は、トヨタのルナクルーザー開発に刺激を受けた。二〇一八年に、五〇年後の会社の事業を考える会で宇宙開発を提案したところ、社内の活動として認められ、翌年には深浦と合流してふたりのチームが立ち上がった。とはいうものの、活動は業務の時間外に細々と手弁当で行うような状態だ。

仲間を求めていたふたりから白羽の矢を立てられたのが、田中秀林《よしとき》だ。一九八九年生まれの田中はプロセスエンジニアで、プロジェクト全体を見渡す専門家として、技術の評価・選定を含め、基本的な設計を行う。

「宇宙というと、自分とは遠いところの物語だと思っていました。しかし、ふたりから話を聞くうちに『自分でも手を伸ばせば届くんだな』と感じまして。『それじゃあ、仲間に入れてよ』ということになりました」

一九七八年生まれの横山拓哉は、ITとプロジェクトコントロールの専門家だ。

「近くに町もない、中東の砂漠の真ん中で、プラントを建設するにあたり、最初に必要となるITインフラを整備する仕事をしてきました」

日揮グローバルが手掛ける大型プロジェクトは完成するまで、最低でも四年から五年はかかる。完成に向けてどういう手順とスケジュールで進めるかを決めてモニターし、同時に費用と品質を管理していく。それがプロジェクトコントロールだ。二〇二〇年、会社の横断的な活動としてチームが「月面プラントユニット」に格上げされ、横山も加わることになった。

ユニット発足に尽力したのが、「デジタルプロジェクトデリバリー部」部長代行の宮下俊一だ。一九七五年生まれの宮下は、生まれも育ちも大阪だ。

「エンジニアという仕事をさらに魅力的な職業にするような取り組みを社内でやり始めていたとき、若手の面々が月面にプラントを造ろうと真面目に考えているというのを知りました。しかし、十分な

左から「月面プラントユニット」の横山拓哉、田中秀林、森創一、深浦希峰の各氏。右が宮下俊一部長代行（提供：日揮グローバル）

時間もとれずに苦労している。『そしたら上に言うたろう』っていうことで、何回かダメ出しされながら、なんとか突破口が開けました」

宮下が社長や役員に直談判した結果、深浦らのプレゼンが認められ、二〇二〇年一二月、深浦をリーダーとして「月面プラントユニット」が正式に発足した。二〇二三年七月現在でメンバーは兼任と出向も含めて七人、これに法務や知財をはじめ専門部から約二〇人が協力するという体制だ。若いエンジニアたちの熱意が上層部を動かした、ボトムアップ型の取り組みなのである。

推薬生成プラントは月面活動の要

深浦たちの構想しているプロジェクトが

「推薬生成プラント」だ。推薬とはロケットの推進剤、つまり燃料のことだ。ここで、月面に存在するとされる水が役に立つ。前述したように、月面では極地にあるクレーターの内部、太陽の光が差さない永久影の部分に、氷の形で水が存在している可能性がある。まずレゴリスと呼ばれる月の砂に混じっている氷を、レゴリスごと採掘する。次に高温にしたり、電磁波を当てたりするなどの方法で、水を分離する。取り出した水には不純物が混じっているため、ろ過したりして純度の高い水にする。それを電気分解して水素と酸素を取り出す。最後に水素と酸素を極低温まで冷やし、液化してタンクに貯蔵する。これが推薬となる。

水素と酸素を燃料電池で使えば発電でき、月面ローバーの動力源とすることができる。水素を還元剤として用いれば、月の鉱物資源から酸素と還元金属を取り出すこともできる。もちろん酸素は、人間を含めた生物が生存するためにも活用されることになる。つまり推薬生成プラントこそ、月面活動の要となる施設なのだ。

山積みの難問に挑戦

推薬生成プラントで用いられる一連の技術は、地上ではすでに実用化されているものばかりだ。しかし、それを月面で実際に活用するとなると、課題は山積している。

最大の問題は輸送コストだ。地上でこうした施設を造る場合、既存の部品を組み合わせるため、どうしても一定の規模が必要となる。そうだとしても、地上ではさほど輸送に関する問題はない。ところが月面で施設を造るとなると、地上から月に部品をすべて運ばなければならない。すでに述べたように、その輸送コストは一キロあたり、約一億円と言われている。一〇トントラックに積める程度の物資を運ぶだけで、一兆円もかかる。経費の大半は輸送費で占められることになると言っても過言ではない。このため、従来にないほど徹底した小型軽量化が求められることになる。

次に、月面には空気がないから、そのままでは人間は生存できない。人間を生存させるためには様々な機器と物資が必要となるため、これまた莫大な輸送コストがかかる。これらの費用が乗るため、月の作業は人件費も桁違いだ。このため建設にあたっては地上からの遠隔操作など、基本的には現地で人手がほとんどかからないかたちで作業しなければならない。

太陽電池パネルの設置方法にも課題がある。日光が真横から入ってくる極地付近では、遮蔽物を避けるために太陽電池パネルを高く伸ばして設置する必要がある。しかし高く垂直に伸ばせてかつ軽量な太陽光パネルを作るには構造に相当な工夫が必要だ。

宇宙放射線対策も重要なポイントだ。地上でも自然放射線の影響を受けるが、大気によってかなり緩和されている。これに対して大気のない月面では、地上と比べて約二〇〇倍もの猛烈な放射線が宇宙から降り注ぐ。当然、紫外線強度も桁違いだ。樹脂やゴム製品の多くは放射線や紫外線に対する耐久性が乏しく、電子機器類もそのままでは放射線の影響を強く受けて誤作動する可能性が高い。

地球では隕石が飛んできても、その多くは大気中で燃え尽きてしまう。一方、月面には無数のクレーターがあることからわかるように、大小様々な隕石が飛んでくる。

小麦粉のように粒が細かいレゴリス対策も必要だ。装置の内部に入り込むと、故障の原因となる。

さらにレゴリスは細かいだけではなく、角が尖っている。静電気は月面でも地上と同じように起きるため、太陽電池のパネル部分にレゴリスが付着すると、発電効率が大幅に低下する。ワイパーなどで取ろうとすると、パネルの表面を傷つけて発電できなくなる恐れもある。

一連の施設をどこに設けるかも、悩ましいところだ。クレーターの下から上までの高低差は、大型のクレーターだと最大で二〇キロもある。クレーターの内部に設置すれば作業は効率的だが、日光が届かないため太陽電池が使えない上、極低温環境がバッテリーを含めた機器の運転に支障をきたす。一方、採掘したレゴリスごとクレーターの外に搬出しようとすると、仮に水が一〇％含まれる場合は得られる水の一〇倍、一％しかなければ一〇〇倍の量のレゴリスを運び出さなければならない。

このように、少し考えただけでも難問が山積している。こうした課題に、月面プラントユニットのメンバーは果敢に挑戦しようとしているのだ。

バックキャスティングでプラント設計

政府は宇宙政策において戦略的に取り組むべきプロジェクトを特定し、関係省庁の連携や産学官の多様なプレーヤーが参画する取り組みとして「宇宙開発利用加速化戦略プログラム」、通称「スターダストプログラム」を二〇二〇年に創設している。その一環として経済産業省では二〇二一年度から「水素」と「電力」をテーマに、月面におけるエネルギー関連技術開発に関する検討を始めている。このうち水素については、月での水素社会を構築するための「水素バリューチェーン」がテーマだ。

水資源の探査から、採掘、輸送、水抽出、水電解、液化・貯蔵の各プロセスを対象に検討していて、実際にチャレンジしようとしている企業が構成員として参加している。具体的にはアイスペース、大林組、栗田工業、高砂熱学工業、千代田化工建設、日揮グローバル、横河電機の各社である。さらに国立研究開発法人の情報通信研究機構も構成員に名を連ねている。事務局は三菱総研と、一般財団法人の日本宇宙フォーラムが担当している。

一方でJAXAは「日本の国際宇宙探査シナリオ（案）」（二〇一六年初版、二〇一九年第二版、二〇二一年第三版）を発表し、このシナリオの中で推薬生成プラント開発のロードマップを示した。二〇二四年にはインドと合同で月極域探査ミッション「LUPEX」を実施し、月面の南極で水がどのような状態で、どの程度存在するかを調査することにしている。

二〇二一年六月、日揮グローバルはJAXAと連携協力協定を結び、共同してプラントを検討することになった。JAXAでも推薬生成プラントを構想しているという情報を得て、深浦が連絡をとった成果である。JAXAはすでに、水の電気分解や液化など、推薬生成のための技術について、様々なメーカーと検討を重ねている。その上でJAXAが日揮グローバルと協業するのは、全体の絵姿を描いてもらうためだ。その意味を、プロセス設計担当の田中は次のように説明してくれた。

「JAXAさんはすでに個別の技術について様々な会社・大学と検討を深められています。しかしそれは、推薬プラント全体を体系的に検討した上で選定された研究テーマではなく、今後使える可能性がある技術を広く集めるための検討でした。しかし本格的に推薬プラントの実現を推し進めるにあたっては、システム全体を網羅的に検討し、真に検討すべき課題や不足している技術を洗い出したり、設備の全体像を描いた上で複数の構成案を定量的に比較検討したりできる、システムインテグレーターが必要です。今回は、我々がそのポジションとして活躍することを、JAXAさんに期待されたと理解しています」

前述の通りプラントエンジニアリングの会社はプラントの設計・調達・建設を一括で請け負うEPC事業を生業とする。一方で彼らはその性質上、個別の装置を製造したり、詳細な技術を開発したりするわけではない。部品を作るのはメーカー、技術を開発するのは研究機関だ。では彼らが何をするのかというとインテグレート、日本語で言えば「統合」し、全体最適を図る専門家集団なのだ。その意味は、様々なメーカーから多様な技術や製品を調達して組み合わせるだけでなく、建設の手順や施設のレイアウト、電源や省エネ、それに環境対策なども考慮した上で、実際に運転するときにはどのようにオペレーションするのか、メンテナンスの方法まですべて検討し、全体の設計に落とし込む。その上で、長いスパンの建設スケジュールを組み、完工までのプロジェクトマネジメントを行うのだ。

日揮グローバルが取り組む推薬生成プラントの日程として、試験運用を目的としたコンテナ一個程度のサイズのパイロットプラントを二〇四〇年に完成させ、稼働させるという目標が設定されている。これはJAXAの設定したスケジュールを踏まえて決められたものだ。この時期から逆算して、必要な技術開発や準備を進めていかなければならない。アメリカが人類を月に送るアポロ計画で採用したバックキャスティングと呼ばれる手法である。

特に今回の建設場所は、人類がまだプラントなど造ったこともない月である。これまで極限の環境下で様々なプラント建設の実績を持つ日揮グローバルならではのノウハウが、期待されているのだ。

世界の開発競争における日本のポジション

月面で水から水素と酸素を生成する技術は世界各国が開発に取り組み、最優先課題のひとつとなっている。

宇宙開発では欧米はもちろんだが、最近では中国やインドの台頭が著しい。世界との開発競争で、日揮グローバルはどのようなポジションにいるのだろうか。これについても、田中が解説してくれた。

「欧米を見ても、中国を見ても、個々の要素技術開発には取り組んでいるのですが、推薬プラント全体の構想検討という意味では検討は進んでおらず、弊社の取り組みは世界的にも先頭を走るものと理解しています。先日もNASAの担当者の方から『推薬プラント全体の網羅的なシステム検討事例は初めて聞いた』という言葉をいただいたと聞いています。中国はクローズでやっているかもしれませんが、表に出している中では我々がいまのところ一番乗りと思っています」

先述したスターダストプログラムのひとつとして、宇宙での食料に関する研究開発プロジェクトもスタートしている。日揮グローバルはこの案件にも参画し、月面基地の模擬施設の設計を担当することになった。

人間が生存する上で呼吸をすれば二酸化炭素を排出し、料理をすれば植物の根はゴミとなり、排水が生じる。食事をすれば排泄物も出る。それらすべてが月面では貴重な資源であり、あらゆるものを完全にリサイクルしながら、自給自足の生活を送ることができれば、地球からの物資輸送を最小限に、

月面のスマートコミュニティ「Lumarnity®」イメージ図（提供：日揮グローバル）

究極的には無補給で生活することができる。つまりミニ地球を創り上げるのが、最終的な目標となる。

日揮グローバルは、月面でのコンパクトなスマートコミュニティとして「Lumarnity®（以下、ルマニティ）」(Lunar Smart Community®) を構想している。

地球におけるスマートコミュニティは主に電力を対象としているが、月面におけるスマートコミュニティは電力に限らない。水素、酸素、二酸化炭素、食料、廃棄物などあらゆる資源を自給自足し、再生しながら資源を有効活用する共同体となる。

もしその技術が完成すれば、人口が爆発的に増加し、温暖化の進む地球にとっても朗報だ。これまで人が住めなかった砂漠や極地も、生活圏にすることができるだろう。増え続ける二酸化炭素対策にも応用できるはずだ。

ルマニティ構想が実現すれば、かつてアメリカで金が見つかりゴールドラッシュが起こったように、一気に月面開発がブームとなる可能性も秘めている。

チームリーダーの深浦は、何もないゼロからの発想を楽しんでいるようだ。

「何をやっても最先端。我々が先人になって未来を描けることに、ワクワクします」

ボリビアで満天の星を見上げていた少年が、地上から遠隔操作で、場合によっては宇宙空間に滞在しながら月面プラントを組み立てる日も、そう遠いことではないかもしれない。

6－2

ガスセンサーで水資源探査

横河電機

センサー業界の先駆け

日本のロケット開発で最初に世間の注目を集めたのは一九五五年、東大教授の糸川英夫によるペンシルロケットの水平発射実験だった。機体の製作にあたっては中島飛行機の後進である富士精密工業、現在のIHIエアロスペースが協力したことは、比較的よく知られている。

それにしても糸川の論文[*1]によれば最高速度が秒速二〇〇メートルというペンシルロケットの飛翔実験を、どのように観測したのだろうか。これについて知っている人は、そう多くはないだろう。

東京都国分寺市の廃屋に準備された実験場には、薄い紙に細い導線を貼った電気標的が用意され、それが一メートル間隔で一〇枚並べられた。ペンシルロケットが発射されると、電気標的を次々と切断していく。その時間と位置から、ロケットの速度や軌道を計算したのだ。言葉で言うのはたやすいが、とんでもなく短い時間である。その測定に使われたのが、横河電機製の「電磁オシログラフ」だった。

一九一五年創業の横河電機は、日本で初めて電気計測器を開発したセンサー業界の先駆けで、高速の信号を記録する電磁オシログラフを国産化したのも横河電機が最初である。

その技術力を評価した糸川研究室から一九六〇年、横河電機に新たな依頼が舞い込んだ。

「電離層の状態を測定するセンサーの部品を作ってほしいという依頼でした。話をするうちに、ちょうどこれに近い技術を横河電機が持っているということがわかり、センサー全体の製作を引き受けたようです」

そう解説してくれたのは同社エグゼクティブ・メンターで、専務や宇宙事業開発室長などを歴任した黒須聡だ。

地球を取り巻く電離層は、宇宙放射線などから地上の生命を守ってくれている。センサーは一九六一年に完成し、カッパ8型ロケットに搭載されて電子密度や電子温度などを観測し、電離層の仕組みの解明に大きく貢献した。評判を聞きつけたＮＡＳＡは、横河電機のセンサーを購入してロケットに搭載したほどだ。

計測機器からスタートした横河電機は、得られたデータを使ってシステムをコントロールする制御ビジネスにも乗り出した。化学や電力などの大型プラントで使われる「プロセス制御」という分野で日本では最大手、世界でも六大メーカーのひとつに数えられている。

生きた細胞の動きを観察できる顕微鏡システム「共焦点スキャナ」も、横河電機の独創的な製品の

横河電機宇宙事業開発室 白津英仁室長（左）と黒須聡前室長

ひとつである。円盤状にマイクロレンズとピンホールを並べ、多数のレーザービームを同時に照射することで、点描画を作るように細胞の三次元画像を浮かび上がらせるのだ。横河電機製の共焦点スキャナが搭載された「ライブイメージングシステム」は国際宇宙ステーションの「きぼう」日本実験棟の船内に配置され、無重力状態を利用した医学や創薬の研究に活用されている。

この他、東南アジアのタイでは、ＪＡＸＡの衛星データを活用した水道管の漏水監視サービスの実現可能性調査を始めたところだ。

「横河電機でなくてもいいじゃないかと思われるかもしれませんが、私たちの強みは、地上のプラントにセンサーをたくさん入れていることです。地上のセンサーの正確な値と、衛星で得られた広範囲な情報を組み合わせることにより、お客様にとって最も適切なソリューションを提供できるよう、宇宙の活用に力を入れているところです」

そう語るのは、宇宙事業開発室長の白津英仁だ。横河電機は宇宙機器メーカーではないが、宇宙とゆかりのある企業である。自社製品を宇宙で活用する術をよく知っているのだ。

ビジネスチャンスとしての月

二〇二一年、宇宙エコシステムの形成と産業化を視野に入れた月面開発活動の実現を目的として、政学産からなる「月面産業ビジョン協議会」が設立された。協議会には三〇の企業や団体、国会議員や学識経験者が参加した。横河電機も同協議会に参加し、宇宙開発を検討する各社と交流を深めている。


月に関わるようになった経緯について、白津は次のように説明する。

「月に水があるのは間違いありません。もし十分な量があれば、水を電気分解してエネルギーにできるはずです。シンプルに新たなビジネスチャンスとして、月を考えています」

横河電機は氷点下五〇度の北極圏や、灼熱の砂漠で作動するセンサーを実用化した実績がある。二〇二三年には、水深約三四〇〇メートルの深海に水圧計を設置した実証実験で、高さ一センチを下回る海面の変動を観測できている。この水圧計は、国立研究開発法人の防災科学技術研究所が敷設している「南海トラフ海底地震津波観測網」に採用され、津波被害の低減に役立つと期待されている。様々な極限状況に挑戦してきた横河電機にとって、新たに月が加わるというだけなのだ。

そうは言っても、月の環境は地球とは大きく異なっている。月面では、月の砂であるレゴリスに含まれる水の分布を把握することが期待されているが、レゴリスは非常に細かくて帯電しやすい。

そこで横河電機のコアコンピタンス、つまり中核的な強みであるセンサー技術が活きてくる。横河電機のレーザーガス分析計はセンサー部分が非接触で可動部品がないため、高温、高圧、腐食性ガス、高いばいじん濃度などの厳しい条件下でも安定した運用が可能である。短時間で計測でき、遠隔地から操作もできる。オペレーターがいなくても、自律制御をするシステムも確立している。

現状の月面開発ビジネスは競合がない？

二〇二二年、横河電機は民間月面探査プログラム「HAKUTO－R」のサポーティングカンパニー契約をアイスペースと締結した。

そのとき宇宙事業開発室長だった黒須は、アイスペースの挑戦を高く評価する。

「これまでサイエンスフィクションと思っていたのが、実際に月の写真を送ってきて、ほぼ着陸寸前までいった。月開発に現実感をもたらしてくれた彼らの存在が、やっぱり大きいですね」

横河電機は、自社製センサーを搭載した分析装置をアイスペースの月着陸船で輸送してもらう考えだ。白津は「いまはミッション3まで計画がありますが、ミッション4以降で持っていっていただくというかたちになると思います。アイスペースさんの作るローバーに搭載してもらって、必要なポイントで測定することも検討しています」と話す。

横河電機のセンサーを搭載する分析装置は、千代田化工建設が製作中だ。実は先述した「きぼう」の「ライブイメージングシステム」も、システム全体の製作は千代田化工建設が手掛けていて、旧知の仲なのである。千代田化工建設については次節で紹介する。

ところで前章で紹介したように、ＪＡＸＡは月極域探査ミッション「ＬＵＰＥＸ」を計画していて、水資源を探査するローバーの開発を三菱重工に委託している。そうなると、横河電機、千代田化工建設、アイスペースのグループで行う水資源探査と競合することになるのだろうか。

ＬＵＰＥＸに搭載される「水資源分析計」は、「レーザー微量水分・同位体分析装置」などＪＡＸＡが開発を担当した四種類の装置、そしてＩＳＲＯ＝インド宇宙研究機関の開発した資料分析装置で構成されている。実は、これらの装置をＬＵＰＥＸに搭載してきちんと機能するよう、システムの開発を担当しているのも千代田化工建設である。

「ＬＵＰＥＸは、ものすごく繊細な情報を取ることができます。単純に水の濃度だけじゃなくて、水に含まれる放射性同位体をはじめ、サイエンスとしての有益な情報をしっかり収集します。ただし単発なんですね」

これに対して横河電機のレーザーガス分析計は産業用に特化したセンサーである。地球での石油探査にたとえてみればわかりやすい。特定の地点で、たとえ採掘が不可能であってもどのくらいの深さに存在するのか、または存在しないのか、存在するとして様々な角度から成分や純度を詳しく調べるのは、科学調査では意味がある。しかし商業目的では、採算の取れる深さに石油が存在しなければ意味がないし、成分も研究レベルまで詳しく調べる必要はない。月の水資源探査も同様だ。白津は続け

化学プラントなどで使われている横河電機のレーザーガス分析計

て言う。

「水の採取に適した土地を見つけようと思ったら、何カ所も確認しないとダメなんです。産業化に向けたプラント候補地の探査については、民間がローコストでやりたいと提案しているところです」

これを踏まえて横河電機が考えているのは、月面における「水資源データマップ」の作成だ。月面である程度のデータが取れたら、これを月の衛星データとリンクさせるのだ。そのとき、月で飛ばす衛星はテラヘルツ波によるリモートセンシングを行う。テラヘルツ波は水や酸素、二酸化炭素など多種類の分子を同時に検出できる。しかも波長が短いため、アンテナを小さくすることができ、衛星を小型化できる。

「衛星のデータと、我々が実際に掘って確認したデータを組み合わせると、全球マップができます。水は北極と南極に集中していると言われていますので、そのエリアだけでもマップを作ることができれば、どこにプラントを造るかといった検討ができるようになると期待しています」

横河電機では二〇三〇年から月に実証プラントを作って実証実験を開始し、二〇三五年から運用を開始したいというロードマップを描いている。

海外の競合他社について聞くと白津は、日本が突出しているという。

「アメリカもやってはいるんですけど、NASAと大学レベルの、しかも将来の話です。こんなに早い段階から民間企業が動いているケースは、日本が特別な状況だと聞いています」

それにしても、採算が取れるのだろうか。

「レーザー分析器は水探査以外にも、宇宙ステーションの環境制御でも使えます。さらに惑星探査にも活用できそうです。つまり一度、宇宙向けを作ってしまえば、いろんなところで売れるんじゃないかという皮算用があります」

月面都市を造ろうという段階になれば、過酷な環境から人体を守るために、多数のセンサーが必要不可欠になるだろうことは、容易に想像できる。

その上で、損得勘定だけではない面白さが宇宙開発にはあると黒須は言う。

「『競合はありますか』とよく聞かれますが、本当にないんですよ。だって、こんなどうなるかわからないビジネスですから、様々なプレーヤーが必要なんです。地上ではバチバチ競争していても、月面開発では市場を作るために協力する。そこがいまの月の非常にユニークなところ。それがすごく新鮮ですね」

白津は、元アメリカ副大統領のゴアがノーベル平和賞授賞式典の演説で引用して有名になったことわざを引用した。

「早く行きたければひとりで行け。遠くへ行きたければみんなで行け」

確かに、月は遠い。ここはみんなで行くしかなさそうだ。

＊1　糸川英夫「ペンシルロケットからカッパ8型まで」『生産研究』（一九六〇年一二月、東京大学生産技術研究所）

6 — 3

水資源分析装置のシステム開発

千代田化工建設

『コスモス』に魅せられて

一九八〇年、アメリカの天文学者カール・セーガンが出演し、監修したテレビシリーズ『コスモス』がテレビ朝日系列でプライムタイムに連続放映され、大反響を呼んだ。書籍もベストセラーとなって社会現象にまでなった。セーガンはコスモスで、宇宙探査の最新科学を美しい映像とともに、壮大な叙事詩として描いた。翌年の春休みには子どもたちにも観てもらおうと、夕方の時間帯に再放送された。千代田化工建設宇宙事業部長の堀田任晃《ひであき》も、コスモスに魅了されたひとりである。

「中学生のときに観ました。やっぱり、思春期に体験した影響はすごく大きいですね」

大学で宇宙物理学を学んだ堀田は一九九〇年、石川島播磨重工（現・ＩＨＩ）に入社した。配属されたのは宇宙利用開発部だ。やがて堀田は、国際宇宙ステーションで使う予定の「温度勾配炉」の製作を担当することになった。無重力の空間で半導体の材料を加熱して溶かし、再び再結晶させることで、良質な材料を作ることができる。石川島播磨は以前から産業用の炉を手掛けていて電気炉の技術はあるのだが、宇宙ならではの難しさがある。宇宙に運ぶためには、小型化が求められる。微小電力でも動作しなければならない。具体的にはヘアドライヤーに使う程度の電力で、鉄が溶ける温度以上の摂氏一六〇〇度まで熱しなければならない。宇宙飛行士が火傷をしないよう、強制的に熱を逃がす必要もある。

こうして宇宙利用の専門家としての道を歩んできた堀田だが、二〇〇四年に転職を決意する。前年にスペースシャトルのコロンビア号が大気圏突入の際、空中分解する事故を起こし、七人の宇宙飛行士が犠牲になったのだ。

千代田化工建設 宇宙事業部
堀田任晃部長

「いろんな宇宙計画が大幅に遅れました。もしかすると、私たちが作った装置も、使ってもらえないままになるかもしれない。これから何年、宇宙開発で停滞が続くのかなとか思ったとき、いったん外に出てもいいかなと考えたのです」

実際には温度勾配炉は国際宇宙ステーションの実験棟に無事、搭載されたのだが、それは後の話である。堀田は誘われて、企業の技術情報をコンピューターによるデータ解析で評価するベンチャー企業に参加した。

「特許に何が書かれているかを分析すると、その会社の強み、弱みが見えてきます。いまでいうビッグデータの活用ですよね」

狙いは良かったのだが、ベンチャー脱皮の壁を越えられず、二〇〇九年にあえなく倒産した。前年に起きたリーマンショックの影響が大きかった。

「仕事を探していたら、宇宙開発の経験者募集という不思議な会社があって。それがここなんです」

大企業とベンチャーの両方の厳しさを身をもって体験した堀田だが、面白い出来事のようにひょうひょうと話してくれる。こうした経験が、いまの仕事に活きている。

宇宙開発のコア分野

千代田化工建設は、本章ですでに紹介した日揮グローバル、それに東洋エンジニアリングと合わせ、プラントエンジニアリング専業三社と呼ばれる大手の一社だ。同社はＬＮＧプラントで高い技術力を持つが、常温・常圧で水素を貯蔵し、輸送できる技術を持ち、水素社会の構築に向けた取り組みでも注目されている。

その千代田化工建設が宇宙事業に乗り出したのは、一九八〇年代に遡る。原子力発電所の大型タンクや配管などを手掛けていたのだが、一九七九年のスリーマイル島原発事故や一九八六年のチェルノブイリ原発事故で、世界の原発利用は停滞する。一方、科学技術庁が中心になった官主導の宇宙産業振興策が増えてきた。その頃の社内事情を、堀田は次のように解説してくれた。

「ゆくゆくは縮小均衡となる原子力のエンジニアをどう活用するかと考えたとき、実は原子力と宇宙って、技術的に共通する面がある。例えば品質保証であり、信頼性の高さという観点から、エンジニアが移りやすいというところがあります」

千代田化工建設は、宇宙開発を事業のひとつに据えたのだ。同社の宇宙利用開発技術は、三つのコア分野からなる。

第一は宇宙実験の支援だ。主に国際宇宙ステーションに搭載される通信・画像の伝送記録装置、及びその電源装置などを開発している。

第二は宇宙科学。国際宇宙ステーションにおける細胞培養や植物生育など、ライフサイエンスを扱う実験装置を開発している。そのひとつが、前節で紹介した「ライブイメージングシステム」だ。技術の中核をなす共焦点スキャナは横河電機製、顕微鏡の本体はライカ製である。最適な技術を組み合わせながら、宇宙ならではの対策を施す。宇宙放射線に耐えられるようにする。電力も一般的な交流ではなく、国際宇宙ステーション仕様の直流の極小電力に対応しなければならない。それでいて、軽量コンパクトが求められる。こうした技術は、プラント会社の面目躍如たるところだ。

第三は将来利用。自動細胞培養システムや、植物工場エンジニアリングなどを開発している。そのひとつが、月面水資源の分析装置だ。

水資源分析装置のビジネス展開の可能性

千代田化工建設と横河電機、それにアイスペースは、政府のスターダストの研究会をはじめ、三菱

月面水資源探査モジュールのイメージ図（提供：千代田化工建設）

総研とアイスペースが事務局を務める「フロンティアビジネス研究会」、それに政学産で作る「月面産業ビジョン協議会」など、多くの会で定期的に顔を合わせている。

すでに紹介したように、千代田化工建設はJAXAからLUPEXに搭載される水資源分析計のシステム開発を受注している。国ベースとは別に、民間主導で水資源探査を一緒にやっていこうと話がまとまるのも、自然な流れだった。

民間主導の水資源分析装置で、千代田化工建設は筐体とドリル部分を含むシステム全体を担当する。重さは一〇キログラムまでに抑えることが目標だ。今後の予定を堀田は次のように説明する。

「初号機は着陸船が月面に着陸したら、そこから飛び出て、穴を掘る。そこで技術検証をして、ちゃんと動作することを確かめます。

次の段階では、アイスペースさんが作るローバーに乗せて、必要なポイントで測ることになります」

経済的な面を含めて利用可能な水資源は、深さ二〇〜三〇センチ程度のところにあることを想定し、採掘の深さは多少の余裕をもって五〇センチを想定している。

「それぐらいのところに本当にオアシスみたいに水があれば、水資源プラントを造って、月で水が使えるようになると思います。もし探ってもなかったら、もう掘るのはやめましょうということですね」

民間である以上、採算ベースに乗るかどうかが調査の分かれ道ということになる。

では、どのようなビジネスを考えているのだろうか。

「資源マップを欲しいという方に、その情報を売る。もしくはこのシステムを販売するというかたちになると思います。私たちはモノを作る会社ですから、発注をいただければ、分析装置を販売する可能性もあります」

堀田は、一時期を除いて宇宙業界に約三〇年間、籍を置いている。宇宙開発の現状をどう見ているだろうか。

「宇宙より先に進んでしまった世界がたくさんあるなって感じます。それは携帯電話などの通信環境、それにメタバースなどバーチャルな世界です。以前に想像していたような、宇宙が先導的に人類社会を変えるというのとは違う流れになっているように思います。そこをうまく利活用しながら、宇宙と何かをかけ合わせたら、絶対に面白いものができると思います」

宇宙一筋ではなく、コンピューターを活用したベンチャービジネスも経験した堀田ならではの視点だろう。

　アメリカのゴールドラッシュ時代に一番成功したのは、一攫千金を夢見た人たちではなく、作業用のジーンズを作って販売したリーバイスだったというエピソードがある。千代田化工建設も宇宙ビジネスのサプライヤーとして、準備に怠りはないようだ。

6―4

水の電解装置と採取技術開発

高砂熱学工業

水素の活用

「国連の世界気象機関（WMO）と欧州連合（EU）のコペルニクス気候変動サービスは6日、今年6~8月の世界の気温は観測史上、最も高かったと発表した。海面水温も前例のない高さが続いている」[*1]

とにかくこのところ、毎年の夏は、信じられないくらいの暑さだ。外を歩いていると、冷房の効いたビルの中に駆け込みたくなる。空調なしの生活など、もはや考えられない時代となってしまった。そんな私たちの社会を支えてくれている空調設備工事業界の最大手が高砂熱学工業だ。同社は高層ビルやデパートをはじめ、日本武道館や東京ドームまで、様々な施設の空調設備を手掛ける環境エンジニアリング企業である。

高砂熱学工業は、空調エネルギーの多様性と経済性も追求している。一九八八年に一号機を納入したのが、電力需要が少ない夜間深夜の時間帯に作ったシャーベット状の氷を、昼間の空調エネルギーとして利用する「スーパーアイスシステム」だ。

やがて氷蓄熱技術だけではエネルギーの利活用に限界があるとして、二〇〇〇年頃から水素を業務用の建物でエネルギーとして利活用する「水素利用システム」の開発に着手した。安価に購入できる電力や、再生可能エネルギー由来の余った電力を水電解装置でいったん水素に変換して水素貯蔵タンクにためておき、電気が必要となると燃料電池に水素を供給して電気を得るシステムである。

水素に着目した理由は、エネルギーをためる媒体として非常に効率の良い物質が水素だからだ。同社によれば、水素は質量エネルギー密度が非常に大きい物質で、その貯蔵方式によっては従来の氷蓄熱に比べて同じ体積あたりで最大二〇倍以上のエネルギーを貯蔵することができるという。

「建物の機械室はビジネスとは無関係な空間ですから、オーナーとしてはできるだけ狭くしたいと考えます。その意味で、これだけエネルギー密度を高くためられる水素は、貯蔵の媒体としてすごく魅力的なのです」

同社執行役員で、カーボンニュートラル事業開発部長の村岡博之はそう解説してくれた。

社会的にも、水素社会に注目が集まっている。資源エネルギー庁によれば、太陽光や風力などの再生可能エネルギーを利用して水素を作ることができれば、資源の少ない日本のエネルギー自給率が向上する。加えて日本は、水素を利用する燃料電池分野で特許出願件数が世界一であり、水素エネルギーの利用に関する高い技術を持っている。そして最も重要なポイントは、利用時に二酸化炭素を排出しないため、環境対策に有効であることだ。

同社では水電解装置と燃料電池の機能を一台に統合した「一体型セル」を他社に先駆けて開発し、

二〇〇八年以降、ＪＡＸＡや産業技術総合研究所などに納入している。災害発生時の非常用として水電解装置で水素を作り、燃料電池を運用するという自治体も現れた。

製造プロセスで水素を使う半導体工場や精密機械工場には水電解装置が納入されている。特に再生可能エネルギーと組み合わせてできた水素はグリーン水素と呼ばれ、脱炭素の取り組み促進に向けて注目されている。

アイスペースとタッグを組む

高砂熱学工業は二〇二三年に創立百周年を迎えた。これに先立ち二〇一八年頃から若手の社員を中心に、次の百年に向けた未来ビジョンの検討を始めることになった。本業との関係の有無にかかわらずアイデアを募ったところ、いろんなプランが出てきた。砂漠の緑化や海底都市作り、さらには昆虫食。こうした中、宇宙ビジネスも面白いという意見が出されたのだ。

アメリカが、のちにアルテミス計画と名付けられる月探査プロジェクトを発表したのが二〇一七年。日本のアイスペースの活動が世間の注目を集め始めた時期でもあった。

社内の承認を受けて村岡は、三菱総研やアイスペースが事務局を務めるフロンティアビジネス研究会に参加してみた。そこで、民間主体の活発な宇宙開発に刺激を受けた。

「我々はまず、アイスペースの月探査プログラムに参画することにしました。はっきり言えば、宣伝効果と割り切りました」

アイスペースの担当者と交流を深める中で、彼らが高砂熱学工業の持つ最新の技術に注目した。それが、水電解装置だ。どのくらいの量があるかは別にして、月に水があるのは確かだ。まとまった量の水があれば、ロケットの推進剤になる水素や酸素、それに人間が呼吸するための酸素を作ることができる。アイスペースは月面での事業を共に進めることができるパートナー企業を探していた。高砂熱学工業は、水電解装置の新たな販路を開拓しようとしていた。両者ともウィン－ウィンの関係である。

月面用水電解装置の開発

高砂熱学工業は、すでに地上用の水電解装置を実用化している。しかし宇宙用となると、そのまま持っていくわけにはいかない。まず問題となるのは大きさだ。市販している最も小さな製品でも高さ一・五メートル、幅〇・九メートル、奥行き二メートルで質量は五〇〇キロ以上ある。月への輸送費が一キロ一億円と言われているから、そのまま運べば五〇〇億円になる。しかもアイスペースの着陸船シリーズ1は、積載可能な質量が三〇キロだ。

月面用水電解装置の開発という困難な仕事を命じられたのが、カーボンニュートラル事業開発部主任の津村柊吾だ。大学は園芸学部で、植物工場について学んだ。

「植物工場は、植物の周りの環境をいかに制御するかという技術です。植物に限らず、様々な環境の制御に挑戦したいと、弊社を志望しました」

月面用水電解装置（提供：高砂熱学工業）

二〇一八年に入社すると、関西の支社で施工管理の仕事を経験したのち、二〇二二年に発足したばかりのカーボンニュートラル事業開発部で研究開発を担当している。

高砂熱学工業は自社製の水電解装置を、アイスペースの計画しているミッション2の月着陸船に搭載する予定だ。JAXAや大学などから専門家をアドバイザーとして招き、複数回にわたる審査会も実施した。二〇二四年一月に開発は完了し、アイスペースに引き渡された。

フライトモデルの質量は約八キロ。これには地上から持っていく水も含まれている。まだ現地で水の採取は行われていないからだ。サイズは底面が四五センチ×三〇センチ、高さが二〇センチ強。少し大きめのラップトップパソコン程度である。

月面に到着して、どのようにテストするかというと、月着陸船に搭載したまま、電源を入れて水を電気分解する。装置を外部に出すことがないため、全体を覆う筐体のない、配管がむき出しの状態が完成形である。工夫した点について、津村に聞いてみた。

「ロケット打ち上げの振動対策として約二〇Gまで耐えられる必要があり、構造設計はかなり苦労しました。ガチガチに強くしようとすると、今度は重くなってしまいますから」

いずれにしても、かなりの振動に耐えないといけないことは確かだ。

「水素と酸素を地上と同じように作れるかというところが、検証の一番のターゲットです。我々としては考えうることをすべて想定して、問題がないことを確かめていますが、想定外のことが起きるのが宇宙だと思っています」

スイッチのオンオフ以外にも、出力を上げてみたり、水素の密度を変えたりして、複数種類の実証実験に取り組むことにしている。一連の実験が成功裏に終わった場合、その先をどのように考えているのか。これについては部長の村岡が答えてくれた。

「当社の実験が成功すれば、いろんな方から共同研究などのお誘いもあると思います。会社としての方針はまだ決めていませんが、何らかのかたちで今後も携わっていきたいと考えています」

サーマルマイニングで水を採取

実は高砂熱学工業は宇宙開発でもうひとつ、取り組んでいる分野がある。それが「サーマルマイニング」だ。「サーマル」は熱、「マイニング」は掘削という意味で、蓄熱・伝熱技術を応用して月の水

高砂熱学工業 右から津村柊吾主任、村岡博之部長、松風成美主任
背後のアイスペース月着陸船モデルには高砂熱学のロゴが見える。

資源を採取する技術である。

その担当が、経営企画部フロンティアビジネス開発室主任で、二〇一七年入社の松風成美だ。大学院では生命化学を研究し、食品製造の環境整備に関心を持っていたことから入社した。施工管理の仕事をしていた松風に転機が訪れたのは、高砂熱学工業として初めての試みである社内公募制度だった。

「実は宇宙に興味があって、何かに関われないかなと学生時代からずっと思っていました。快適に過ごせる環境を作り、お酒も飲めるような楽しい宇宙にしたいと応募したところ、選んでいただけました」

選考の結果、二人選ばれたうちの一人として二〇二〇年四月、現職に就いて、サーマルマイニングの開発企画を担当することになったのだ。

同社の検討しているサーマルマイニングの概要は、以下のようなものである。

将来的にはローバーにサーマルマイニングの機械を据え付け、水の採取ポイントまで移動すると、搭載しているドリルで地中に穴を開ける。

「これは月面が真空で極低温という特殊環境だからこそできることなのですが、穴の奥に熱を加えると、氷の状態から気化した水蒸気が周辺に広がったあと再び急激に冷やされて凍り、結果的に球状の氷の壁が生まれる可能性があると考えています。これは氷の壁によってできる閉鎖空間です。そこに熱した気体を送り込むことによって、氷の壁内部の水分を水蒸気として回収するというアイデアです」

熱気を送り込むことで、氷の壁が溶けることはないのだろうか。

「封入する気体の温度をコントロールすることで、一定の壁の厚さを保ったまま水蒸気を採取できるようにしたいと考えています」

何度くらいに加熱するのか。

「それは秘密です。月面の環境を研究しながら、最適な温度条件を検討しているところです」

月面に水が存在するにしても、どのくらい含まれているのかは定かではない。どの程度なら、商業利用に堪えると考えているのか。

「一%ぐらいの水があれば実用化できるのではと考えています。あまりに少なすぎると、多分どの方法でも取れなくなってしまうので、一%以上はあってほしいというところですね」

この方法を試す場合、最初は何らかのガスを地球から運ぶことになる。しかしこの方法が成功すれば、採取された水を酸素と水素に分解し、得られたガスを使って次々と水を採取することが可能になると期待される。

松風に、念願だった宇宙の仕事に関わってみての感想を聞いてみた。

「とにかくまだ誰もやったことのない分野ですから、すごく挑戦のしがいがあります。ぜひ世界で最初に水を採取できたらと思います」

こうした方法のほかにも、月面で氷状となっている水を採取する方法は様々に検討されている。アメリカでは月面にドーム状のテントを張り、太陽光で熱して水蒸気を採取する方法を検討している。課題としては、表面の氷しか採取できないため、効率の悪さが指摘されている。

ドリルでレゴリスを掘り出し、加熱して採取する方法も検討されている。こちらも課題はある。レゴリス採掘には大型重機が必要になる。採掘した大量のレゴリスをどのように扱うかも難問だ。

これに対して高砂熱学工業のサーマルマイニングも、水蒸気を吸い上げる際の断熱の方法など、様々な課題がある。だが真空と極低温という、普通に考えれば障壁になる条件を逆手に取って、だったら氷の壁を作ってしまおうというアイデアはとても斬新に感じられた。これも様々な環境テーマに対し、長年にわたって正面から取り組んできた企業ならではの、懐の深さかもしれない。

＊1　二〇二三年九月八日付、毎日新聞

第7章

月で暮らす

月面都市

7－0

イントロダクション

月で長期滞在するには?

「わたくしの父母は月の都の人でございます。ほんのしばらくのあいだ、といわれて月の世界からやってまいったのでしたが、このように人間世界では多くの年月がたってしまいました」[*1]

日本最古の物語文学と言われる『竹取物語』で、かぐや姫が育ての親であるおじいさん、おばあさんに別れを告げる場面である。その一節に、次のような文言がある。

「かの月の都の人は、たいそう美しくて老いることも物思いも知りません」

かぐや姫は帝《みかど》に不死の薬を残した。かぐや姫との別れを悲しんだ帝は、天に最も近い場所で不死の薬を焼かせた。それが富士山という名前の謂《いわ》れとなったというオチが、物語の最後についている。

かぐや姫の時代から人は月を見上げながら、関心と憧れを抱いてきた。その月に、すでに人類は到達している。では月に街を作り、生活することができるようになるのだろうか。かぐや姫によれば、月では年を取らないという。宇宙に長期滞在した宇宙飛行士は、細胞のテロメアが長くなったというニュース[*2]があった。テロメアは染色体の末端部で遺伝情報を保護する役目を担っている。テロメアなどの研究で二〇〇九年のノーベル医学生理学賞を受賞したアメリカの研究者によれば、細胞分裂を繰り返すとテロメアが短くなり、やがて細胞は死を迎える。ということはかぐや姫の言うように、宇宙滞在はアンチエイジングの可能性があるということだろうか。

一般的には長期間に及ぶ宇宙滞在は、重力の変化で人体の機能低下を招く恐れがあり、宇宙放射線による悪影響も懸念されている。

本章では、建設工法も含めた月面都市の可能性に関する最新の研究について紹介しよう。

*1 田辺聖子『現代語訳 日本の古典4 竹取物語・伊勢物語』(一九八〇年、学習研究社)
*2 二〇一七年二月五日付 CNNニュース

7－1

自律施工システムと居住モジュール

清水建設

宇宙建設の最前線

宇宙の開発と利用を加速化する政府の「スターダストプログラム」の一環として、国土交通省は文部科学省と連携し、月面における「宇宙建設」の技術を〝革新的〟に推進する事業に二〇二一年度から取り組んでいる。具体的には無人で調査や測量、輸送や施工などを行う場合の自動化や遠隔化の技術開発、月面での簡易施設を建設する技術、それに建材の製造に関する技術だ。

現在は「基盤技術開発」の段階で、二〇二三年度は一二件の技術開発が決定され、それぞれ担当するゼネコンなどの企業や大学が選定されている。

今後のシナリオとしては、二〇二五年に実証・実用化段階に入り、二〇三〇年頃から無人拠点の建設や有人での常時滞在段階に移ると想定している。

このスターダストプログラムで、清水建設が代表者となって取り組んでいる技術開発が二件ある。

ひとつが、自動車部品メーカーのボッシュエンジニアリングと共同で取り組んでいる自律施工システムの開発と実証だ。

月と地球との距離は約三八万キロある。国際宇宙ステーションと地球との距離は約四〇〇キロであり、その約千倍ということになる。衛星中継のテレビ番組で、東京のスタジオと海外のレポーターとのかけ合いにわずかなタイムラグが生じて、ぎこちなくなることがある。それが月の場合だと通信電波が到達するのに片道で一・三秒かかる。通信できているかを確認するには往復の二・六秒かかることになる。そのほか通信システム上の遅れなどを考慮するとさらに数秒の遅れが発生する。こうした環境下で、月面での作業を安全に行うためには、地球側での判断を極力少なくした自律施工が必要となる。

そこで清水建設を中心としたグループでは、人工知能により建設機械側の判断範囲を広げ、自律分散型に近い施工を可能とするシステムを構築し実証する。また、月のような特殊な環境における認識システムを構築する手法の確立を目指している。

こうした無人化技術の開発が役立つのは、月面だけではない。国内における人手不足対策にもなるし、労働環境の改善にも役立つ。

スターダストプログラムで採択された清水建設のもうひとつのテーマが「膜構造を利用した月面インフレータブル居住モジュール」だ。インフレータブルとは膨張型。つまりたたんで月まで運び、現地で展開することで効率的に輸送できるのだ。同社は東京理科大学、それに太陽工業と共同で、この仕組みを活かした標準モジュール作りを検討している。ちなみに太陽工業は、東京ドームの屋根膜を製造・施工するなど、大型膜面構造物（テント構造物）の開発を手掛けている。膜素材は軽い上に小さく折りたためるため、宇宙での活用が期待されている。

日本は、アメリカが提案するアルテミス計画に参加している。こうして開発した技術の活用について、清水建設はどう考えているのか。フロンティア開発室宇宙開発部主査の鵜山尚大は、次のように説明してくれた。

「アルテミス計画中期以降の段階になると、継続的に月面に有人着陸を行い、段階的に月面の活動を活発にして、長期滞在を可能にするプランになっています。その頃に、これまで取り組んできた月面基地建設周りの技術開発を活かしたいと検討を進めているところです」

コンクリートで造る月面基地構想

第三章で清水建設が「宇宙ホテル」構想に取り組んでいたことをご紹介した。同社は一九八八年に「コンクリート月面基地構想」を発表している。月の資源を活用してコンクリートモジュールを作り、これを組み合わせて月面に基地を造ろうというプランである。

鵜山は月面基地構想について、次のように説明する。

「建設会社なので、得意なコンクリートの利用を想定して考えたのがこの構想です。現地の資源を使いながら、六角柱のハニカム構造でモジュール化された構造体を連結して空間を広げていくという発

「コンクリート月面基地構想」でのコンクリートモジュール製造イメージ図（提供：清水建設）

想です」

清水建設はレゴリスを模した月の模擬砂（シミュラント）を自社で開発し、シミュラントを使った月コンクリートの製造や施工方法などの研究開発を行ってきた。月面は真空状態であるため、二酸化炭素などによりコンクリートが劣化する恐れはない。しかし極端な温度差によるひび割れの恐れはある。特に与圧している居住空間でひび割れが発生すると、気密性が損なわれて深刻な事態になりかねない。このため、構造体の内部に膜を張るなどの対策が必要となる。

清水建設は二〇〇九年には「ルナリング」構想も発表している。月の赤道上に幅数百キロの太陽電池帯を作り、発電した電力をレーザー、またはマイクロ波で地球に送電しようというアイデアだ。

鵜山は、大学院では宇宙ロボットを専門に

清水建設が開発した模擬レゴリス（提供：同社）

研究した。宇宙開発の魅力を聞いてみた。

「宇宙に限らず、ロボットが実際の現場で活躍するための技術の根幹は地上と一緒です。いまやっと、月面建設が現実になりそうな流れの中で、自分としてはロボット技術を活用した月面建設ができればいいなと思いながら仕事をしています」

フロンティア開発室宇宙開発部長の金山秀樹はアメリカの大学院を出て一九八八年に清水建設に入社し、以来、宇宙畑一筋である。清水建設の研究がいつ頃、月で活用されそうか、需要の予測も含めてどう考えているだろうか。

「最短だと二〇三〇年頃でしょうか。月に物資がたくさん運ばれるようになると、月面の環境は厳しいので野ざらしにしておけないですからね。保管場所や滞在先が必要になったときに対応できるよう、月面拠点建設に役立つ研究開発を進めているところです」

こうしてみると四〇年近く前の月面基地構想のよ

うに、そのときは実現不可能なように思えるアイデアでも、とにかく言葉に出して発表してみることが大切だと感じられる。いつかは時代が追いついてくるものなのだ。

7－2

レゴリスで建材製造

大林組

月にある素材を建材に

第一章で宇宙エレベーター構想を紹介した大林組は、スターダストプログラムでは国土交通省、経済産業省、それに農林水産省が中心になって担当するプロジェクトに参加している。

このうち国土交通省の「宇宙建設」ではふたつのテーマにそれぞれ代表者として参画している。

そのひとつが、月面のレゴリスを用いた建設材料の製造と施工方法の技術開発だ。名古屋工業大学と、公益財団法人のレーザー技術総合研究所が共同実施者に名を連ねている。

前節の清水建設の取り組みでも紹介したが、日本内外でレゴリスを固めて建材にするための研究は様々な方法で行われている。

「当社のオリジナリティとしては、月面のレゴリスをそのまま、それだけを使って固めるという取り組みをしております」

そう解説してくれたのは、未来技術創造部担当部長の渕田安浩だ。方法はマイクロ波と、レーザー加熱の二種類を検討している。

マイクロ波加熱法は、電子レンジで使われているような電磁波を利用して加熱し、温度を調整しながら焼成物を作る。

レーザー加熱法の仕組みは3Dプリンターと同様で、レゴリスを吹きかけている焦点のところにレーザーを照射し、摂氏一二〇〇度以上に加熱して固めるのだ。

同社の方法だと、添加剤としてのプラスチック類や水が不要である。同じく、同部担当部長の石川洋二は、地産地消を強調する。

「一〇〇％現地の資材を使い、エネルギーも現地で太陽光から作った電気というところに私たちの特徴があります。月には水があると言われていますが、仮に採取できたとしてもきわめて貴重なので、建材には使えないだろうと考えています」

そうはいっても、課題は山積している。マイクロ波加熱では、単純に加熱するとレゴリスから泡状の気体が出てくるため、加熱の方法を研究中だ。

レーザー加熱は、地上ではアルゴンなどのガスを仲介物として利用しているが、このままだと地上からガスを運ぶ必要が出てくる。レーザー照射自体は真空中でも問題ないため、ガスなしでの方法をシミュレーションしているところだ。

建材ができたとして、月面ではどういう使われ方をするのだろうか。当面の利用について、渕田は次のように考えている。

「まずは、ロケットが離着陸できるような射場の舗装材料ですね」

月面は真空状態で、重力は地球の六分の一である。ということは、細かなレゴリスをロケットの離発着で吹き上げると、猛スピードで広く飛び散って、なかなか落ちてこない。月面に様々な施設ができるようになると、レゴリスの粉塵は問題となる。このため粉塵が舞い散らないエリアを作る必要があるのだ。

「日揮さんや千代田さんが資源探査を検討されています。移動や、資材の運搬が必要になってくるでしょう。その際、輸送路を整備するための舗装材料としても活用できると思います」

折りたたみ式発電タワー

国土交通省のスターダストプログラムで大林組が取り組んでいるもうひとつのプロジェクトが「展開構造物」の技術開発だ。どのようなモノかというと、高さが約一二メートルになる大型の太陽発電パネルと、その脚部分をなるべく小さく折りたたみ、ロケットで運べるようにするための仕組みである。

これまでの調査で、月の自転軸は太陽の軌道面に対して一・五度しか傾いていないことがわかっている（ちなみに地球は二三・四度傾いている）。このように月の自転軸の傾きが小さいため、極域で少し背の高い施設を立てれば、常に日射を受けることが可能となる。

発電タワーの試験用モデル（提供：大林組）

「そういうところに一〇メートルより高く建てれば、途切れることなく発電ができます」

常に太陽の方向にパネルを向ける機構も検討中だ。

月面の一日は、地球時間で約一四日の昼が続き、その後に約一四日間の夜が続く。しかし極域に発電タワーを立てれば、昼夜に関わりなく発電できることになる。

水の電気分解をはじめ、月面でのエネルギーは第一に太陽光発電に頼らざるをえないから、常に発電できるようになれば、月面開発にとって朗報だ。

展開構造物のシステムは、地球と通信するための通信タワーとしても利用可能である。

いまは高さ二メートル程度の試験用モデルを製作して、テストしている段階だ。全体の素材はCFRP＝炭素繊維強化プラスチックである。CFRPは非常に軽い上に高強度で、ロケットや人工衛星の部品にも使われている。

課題は高温高圧の窯で全体を一体成型しないといけないことだ。小型の試験用モデルではなく、一〇〇メートルを超えるタワーを作るためには、さらなる技術開発が必要だ。

ほかにも検討すべき課題は多い。月面は真空状態のため風の影響は受けないが、最大でマグニチュード四程度の地震（月震）が起きることがある。しかも月は重力が地球の六分の一しかないため、重心のバランスがとりにくい。静電気が発生しやすく、レゴリスが付着するとトラブルの原因となりかねない。こうした月面特有の環境対策も必要になってくる。

経済産業省のスターダストプログラムで大林組は、エネルギー関連技術開発としてふたつのワーキンググループに入っている。

このうち電力ワーキンググループでは、前述したタワー発電と太陽追尾型の発電システムなどを検討している。

もうひとつの水素ワーキンググループでは、本章で紹介した水素製造に関わるプラントメーカーなどと共に施工方法について検討している。

循環型の食料供給システム

大林組は、農林水産省のスターダストプログラムにおいて、資源循環型の食料供給システム開発というプロジェクトの内、月の模擬砂の製造を担当している。月の模擬砂をマイクロ波で加熱焼成し、植物栽培に適した多孔体を作る。

「レゴリスをある程度調整し、造粒して小さな気泡を作ります。そこに施肥をして、植物を育てる地盤を作りました」

渕田は、人が月に住むような時代になると必要になってくる技術だと解説する。

「月では水自体が貴重品なので、水をあまり使わない育て方をするという取り組みです」

水だけでなく、肥料も現地調達できればそれに越したことはない。

二〇二二年に大林組は、名古屋大学発のベンチャーTOWINGと共同で、月の模擬砂と有機質肥料を用いた植物栽培を実証実験し、小松菜の栽培に成功したと発表した。TOWINGは無機の多孔体を設計する技術や、有機質肥料を用いた人工土壌栽培を可能にするノウハウを有している。人間からの排泄物や食品残渣など有機性廃棄物を循環活用して、宇宙で持続可能な農業を実現できるよう目指している。

月人口一万人？　月面都市２０５０構想

一九八七年、大林組は「月面都市２０５０」構想を発表した。石川や渕田が入社する前の話である。構想によれば、月の人口はすでに一万人に達している。当初の建築物は、昼と夜の温度差や宇宙放射線、隕石などの危険性を回避するため、すべて地下か半地下だった。その後のテクノロジーの進化により、高さ五〇〇メートルを超えるルナタワーが月面のシンボルとなっている。地球とほぼ同じ自然を再現しているセンタードームもある。重力が地球の六分の一であることから、植物は地球よりずっと高く成長するかもしれないと、構想の中でコメントしている。

さすがにいまから三〇年後の実現は難しいだろう。それでも一〇〇年後にはひょっとしたらと思うのは、各社の宇宙開発を取材してきた私だからだろうか。

7－3

人工重力

鹿島建設

世界を救う希望

「子供の頃から入社後に至るまで、人類の宇宙進出には重力が大切だと周りに説いて回るも、四〇年程だれにも相手にされず。（中略）周囲からは変わり者に見えるそうですが、実は普通です」

最近は講演に呼ばれる機会がとみに増えた大野琢也が、自ら書いたプロフィール紹介文の一部である。もともとは建築士だが、長く続けた人工重力の研究がついに会社でも認められ、鹿島建設イノベーション推進室の担当部長として、宇宙関係の仕事を本業とするようになった。

大野は経済誌『Forbes JAPAN』（二〇二三年六月号）が日本人の中から選んだ「いま注目すべき『世界を救う希望』100人」のひとりに選ばれている。その選考理由が秀逸だ。「分断を避けて地球人が一体となり、平和に宇宙進出するための構想やシステムに寄与す

鹿島建設イノベーション推進室
大野琢也担当部長

る」と、大野に期待している。

朝日新聞の「天声人語」（二〇二二年九月二四日付）は大野の取り組みを紹介した上で、「いよいよ人類が月に引っ越す時代が来るのか」と展望している。

本節では、そんな大野の取り組みを紹介しよう。

長い歴史を持つ「人工重力」

一九六八年、大阪府生まれの大野は小学五年生のとき、宇宙に感化された。月や火星に住めるようになるという内容の本に出会ったのだ。

「うまく宇宙に進出できれば、人類の未来が大きく開ける。すごく大事な時代に生まれたと思ったわけです」

大野が宇宙に関する本を読み漁り始めると、再び衝撃が襲う。

「月や火星の低重力だと、体が弱って地球に帰れなくなるかもしれないって書いてあったんですよ。これは、ものすごくやばいんじゃないかって」

そんな大野少年の心をとらえたのが人工重力である。大野が生まれた年に公開された映画『2001年宇宙の旅』では、円形構造の宇宙ステーションが回転して重力を生み出している。一一歳のとき放送開始のテレビアニメ『機動戦士ガンダム』では、回転式で重力を発生させる巨大なスペースコロニーが登場する。

実は人工重力のアイデアは、長い歴史を持っている。宇宙エレベーターの節でも紹介したロシア「宇宙工学の父」、コンスタンチン・ツィオルコフスキーが最初の人工重力提唱者として知られている。彼は一九一六年に出版したSF小説『地球の外で』の中で、人工重力を発生させる回転式の宇宙ステーションを登場させている。[*1]

アメリカ、プリンストン大学のジラード・K・オニールは一九六九年にスペースコロニーのアイデアを学生に話し、構想を練り上げて一九七四年に発表した。彼が構想した「中規模」モデルは直径六・五キロ、長さ三二キロ、陸地の面積が一三〇〇平方キロの巨大な円筒形をしていて、数百万人が住み、自転することで地上と同等の重力を作り出す。「最大規模」モデルは直径二五キロ、長さ一二〇キロを想定している。[*2]『機動戦士ガンダム THE ORIGIN』公式サイトによれば、アニメで描かれる宇宙植民計画はオニールのプランが基礎となっている。

スペースコロニーのアイデアは、ほかにもドーナツ型や一部が球形のバナール球型などがある。

宇宙での居住に興味を持った大野は、大学の学部と大学院で建築学を専攻した。その頃から大野の脳裏に、ある疑問が芽生え始めた。月や火星に人が住むようになると、体調を維持するためわざわざ月や火星から定期的に、人工重力装置のある宇宙空間のコロニーに戻らないといけないのだろうか。

「それってありえないと思ったのです。月や火星で、地球と同じ重力のコロニーを造れないかと、大学生の頃からずっと考え続けてきました」

映画やアニメで、無重力の宇宙空間では人工重力装置が働いている。しかし物語の舞台が月や火星になると、人工重力装置を見た記憶がない。それでいて月面や火星の基地では低重力のはずなのに、地上と同じように人が歩いている。確かに、これは少し変だ。

天体表面の重力は、天体の質量と、天体中心から表面までの距離によって計算される。月の場合、地球と比べて直径は四分の一、質量は八一分の一で、重力は六分の一となる。火星は直径が二分の一、質量が一〇分の一で、重力は地球の三分の一となる。

ちなみに国際宇宙ステーションの内部で無重力になるのは、重力と遠心力とが釣り合っているからだ。地球の約四〇〇キロ上空を飛んでいる国際宇宙ステーションに働く地球の重力は、地上の九〇％程度ある。しかし時速約二万七七〇〇キロという途方もないスピードで飛行しているため、重力が遠心力でちょうど相殺され、宇宙ステーションの内部は無重力状態になっているというわけである。

厳密に言えば、国際宇宙ステーションはわずかな大気の抵抗や進行方向への加速度により、地上の一万分の一から一〇〇万分の一の「微小重力」（マイクロ・グラビティ）状態である。しかし現実はまったく重さを感じない状態であることから、国際宇宙ステーションについてもわかりやすく「無重力」（ゼロ・グラビティ）と表記しておく。

低重力や無重力が人体に与える影響はいま、どのように考えられているのだろうか。

無重力が人体に与える影響

まず、無重力が人体に与える影響について、確認しよう。

地球から宇宙に行くと最初に人体に現れる変化として、視覚情報と平衡感覚とのミスマッチから起きる宇宙酔いや、頭部の体液が増えて丸顔になるムーンフェイスがある。

宇宙滞在が長くなると、人体に重力による負荷がかからないため、筋肉や骨が萎縮する。実は、同じような状態が地上でも見られることがある。病気やケガの治療などで長期間にわたって寝たきりになると、筋肉や関節が萎縮する「廃用症候群」だ。そうならないよう宇宙飛行士は毎日、二〜三時間にわたってウェイトトレーニングやランニングなどの運動が必須である。それでも宇宙滞在が数カ月間以上にわたると、地上に戻ってから長期間のリハビリが必要となる場合がある。

京都大学宇宙総合学研究ユニット特定准教授の寺田昌弘は、宇宙医学と宇宙生物学が専門だ。ＪＡＸＡの研究員として、宇宙飛行士の毛髪を使った健康管理技術の開発を手掛け、ＮＡＳＡに研究留学をした経験も持つ。宇宙飛行士が宇宙で取り組む無重力対策について、寺田に聞いてみた。

「国際宇宙ステーションにいる宇宙飛行士は運動して、筋力や生理的な機能を維持しようとしていますが、長時間のトレーニングを毎日続けないといけないので、けっこう負担になっているようです」

寺田がＪＡＸＡと進めている研究でわかったことは、長期間の宇宙滞在で筋肉の使い方が変わる可能性があることだ。

「普通に歩くだけなら、以前と変わりません。ただし、急に回ったり、特定の姿勢を維持したりするのが難しくなる場合があります。ご自身は以前と同じ動きをしているつもりでも、筋肉内部の使い方が変わった可能性があるというデータが出ています」

研究が進めば、宇宙船内でのトレーニング方法の改善につながるかもしれない。念のために言えば、低軌道の宇宙旅行を数時間、長くても数日楽しむ程度なら「特に対策しなくても筋肉が衰えることもないですし、体に大きな負荷もないと思います」とのことだ。

心配なのは、地球に帰っても回復しない症状があることだ。宇宙に長期滞在をした宇宙飛行士の約半数で、目の焦点が合いづらくなって視力の低下が見られるというNASAの調査結果がある。これは宇宙でのトレーニングで対処できる症状ではない。

「地上に戻っても回復しない方も、かなりいるらしいです。その原因として、重力がないため頭のほうに体液が溜まって、一番柔らかい視神経を圧迫するためではないかと言われていました。しかし飛行機を使った無重力実験では、逆に脳圧が低下するという報告もあります。さらに宇宙では脳が上に移動するという論文もあって、体液の問題だけではない可能性があります」

視力低下の原因は不明だ。

無重力下での「発生」

宇宙に人が住む時代を考えるのなら、受精卵が細胞分裂を繰り返す「発生」が地上と同じように可能かどうか、検証する必要がある。

例えばメダカやカエルは、宇宙でも卵から孵化し、成長して世代交代をすることが確認されている。

では、ニワトリはどうだろうか。結論から言えば、産卵したての有精卵を宇宙に持っていくと、卵はかえらない。なぜかというと、地上では卵黄が卵白との比重のわずかな違いを利用して卵の内部で浮かび上がる。こうして卵殻の内側に当たることで酸素や栄養分が卵黄にある胚盤に供給され、分化して成長していく。ところが重力がないと胚盤が卵殻と結合できず、発生初期の段階で必要な栄養分を得られなくなってしまうのだ。しかし産卵して一週間たった有精卵だと、宇宙でもひよこが誕生する。これは宇宙飛行士の毛利衛がスペースシャトルで行った、日本独自の実験による研究成果である。

では、ヒトをはじめとする哺乳類ではどうだろうか。寺田は次のように推測する。

「いまのところ、宇宙で出産した事例がないのでわかりませんが、おそらく人の発生に対しても何らかの影響があると思います」

受精卵はひとつの細胞が次々に卵割《らんかつ》と呼ばれる体細胞分裂を続けることで細胞を増やし、成体へと成長していく。その際、神経などになる上側を動物極、その反対側を植物極というのだが、通常だと動物極のほうが小さく、植物極のほうが大きい。これは、必要なホルモンが重力で下に行くためと考えられている。

「重力がなくなると、等割《とうかつ》といって、動物極も植物極も同じ大きさになります。動物極は頭や脳になる場所なので、頭が大きくなった生物が生まれる可能性があります。我々人間もそうですが、地上の生物はすべてが地球の重力の下で発生するように調整されているので、どこかの段階で重力が変化すると、何か起こる可能性はあります。ただしその何かはまだ、わかっていません」

映画『2001年宇宙の旅』では人類が進化した姿として、「スターチャイルド」が印象的に描かれる。物語としては楽しいが、実際の問題となると話は別である。

「宇宙に行ったとき、要所要所で重力をかける必要が出てくるかもしれません。ただし、本当にその部分だけで大丈夫かどうかは、これから実験が必要です」

これまでの話は無重力状態についてである。では月や火星のような低重力の影響について、どのように考えたらよいだろうか。重力のレベルとその影響を直線的な関係として考えるべきか、あるいは「しきい値」のような一定の値の重力があればマイナスの影響は免れるのか。

「重力のあるなしで言えば、国際宇宙ステーションと月では多分、全然違うだろうと思います。しかし重力のレベルによる影響の違いはまだわかっていません。宇宙医学の観点で言うと、まったくデータがないからです。地上で過重力は作れますが、低重力は作れません」

国際宇宙ステーションの「きぼう」日本実験棟には遠心力によって任意の低重力環境を保つ装置もあるが、宇宙医学的な実験はこれからの課題である。

大野が特に心配するのが、この点なのだ。

「志願して月や火星で住もうという人たちは、過酷な状況を理解した上で行きます。しかし彼らの次の世代は、自分の意図と関係なく、月や火星で生まれるわけです。そのとき何の対策もしなかったら、地球に帰ろうと思っても、地球で立てない体になるかもしれません。地球に戻れる選択肢が彼らにも必要ではないのか。それって人類の権利ではないかというのが、僕の一番の問題意識なんです」

加速度的に進化するエマージングテクノロジー（新興技術）について議論する際、「可逆性」を重視する視点がある。いつでも引き返せることは、ひとつの重要なポイントだ。

さらに寺田は議論を進めて、宇宙に適応した人間の在り方も検討すべきだと言う。

「ずっと人が宇宙に住むのであれば、宇宙医学の考え方も大きく変わってくる可能性もあります。筋肉が萎縮しないよう予防するのではなく、そこの環境にどのようにマッチさせていくのかという考え方も必要になってくるかもしれません」

居住施設「ルナグラス」と「マーズグラス」

話を戻して、大野は具体的にどのような人工重力装置を考えているのだろうか。そのアイデアは学生時代に遡る。

「大学生の頃、自動車レースのF1が流行っていました。それを見たとき、コーナーでは外側が高くなっていて、クルマは斜めに走っていく。重力と遠心力の合力になっているんですね。ということは、重力って足せるじゃないかと思ったんですよ」

もともと重力自体が引力と、地球の自転による遠心力の合力である。月面で重力が六分の一しかないのなら、足りない部分を遠心力で足せばいいわけだ。

「そこで計算してみたら、二次曲線になるということを発見したんですね」

こうして考案した人工重力居住施設が、月向けが「ルナグラス」、火星向けが「マーズグラス」である。本格的に研究を開始したのは学生時代のこと。鹿島建設に入社以降もこつこつと研究を重ねた大野は、大学の研究者など有志で作っている「宇宙建築の会」主催の「宇宙建築賞」に応募することにした。二〇一七年度のテーマが「火星居住施設」だったことから、大野は鹿島建設で協力してくれ

ルナグラスのイメージ図。周囲をらせん状に取り巻いているのは交通機関「ルナビークル」の線路（提供：鹿島建設）

ている仲間たちと共に、マーズグラスでトライした。その結果、最優秀賞こそ逃したが、見事に入賞を果たしたのだ。鹿島建設の社内でも上司が「面白い」と評価して、人工重力の研究が業務として公認された。関西支店勤務時代には京都大学の「ＳＩＣ有人宇宙学研究センター」特任准教授にも任命され、京都大学との共同研究を進めた。

では、具体的にどのようなものなのだろうか。外観は、ワイングラスのような形をしている。想定しているモデルはルナグラスの場合、中心付近の直径が二〇〇メートル、高さが四〇〇メートル。一分間に三回転することにより、直径の最大部分で、月の重力と遠心力を合わせた力が地球と同じ重力となる仕組みだ。火星は月より重力が強いため、マーズグラスの二次曲線はルナグラスに比べるとゆるやかになっている。

「本当はもっと大きなほうがいいのですが、遠心力で気持ち悪くならないような回転数を考えた最小の規模です。それより小さい場合は、回転の方向を意識して体の動かし方を工夫する必要があります」

材料は、すべてを地球から持っていくわけにはいかない。

「月にあるチタンやマグネシウム、鉄類などの金属を抽出して作ります。しかし現状では大量に作れないので、技術革新が必要です」

課題のひとつは、ルナグラス内外の圧力差だ。内部は宇宙服なしで過ごせるよう一気圧なのに対し、外は真空で大気圧はゼロに近い。

「一平方メートルあたり、一〇トンの力がかかるんですよ。オフィスを設計するとき、三〇〇キログらいの荷重を想定しますから、地上の三〇倍以上の強度を持たせなければなりません。ルナグラスが破裂しないよう、引っ張りに強くて軽い素材が必要です。これは地球から持っていくしかありません」

巨大なルナグラスを回転させ続けるパワーも必要だ。これがスペースコロニーとの最大の違いだろう。なぜなら無重力空間だと、一度回転を与えれば「エネルギー保存の法則」に従って、基本的にはそのまま回り続けるからだ。これに対して重力のある月では、そうはいかない。絶えず、力を与え続ける必要がある。

「超伝導蓄電システムとリニアモーターなどの技術を組み合わせた、次世代の技術が必要になってきます」

次なる検討課題は、どこに造るかだ。

「そもそも放射線の問題がありすぎて、月の表面にルナグラスを造れたとしても、いまのところ住めません」

宇宙放射線が引き起こす問題

地上では地球磁気圏や大気により、宇宙放射線が大幅に緩和されている。これに対して宇宙空間では、放射線被曝が地上とは比べものにならないほど過酷になる。国際宇宙ステーションは遮蔽材を施しているものの、宇宙飛行士の被曝線量は地上の一〇〇倍以上だ。これが真空状態で遮るもののない月面となると、地上の約二〇〇倍もの放射線量となる。

しかも太陽の表面では、太陽フレアと呼ばれる爆発現象が起きる。その際、大量の放射線が放出されて、地球では人工衛星システムや通信網などが破壊される恐れがある。一九八九年にはカナダで大規模停電が発生し、二〇二二年にはスペースXの打ち上げた通信衛星約四〇機が墜落する事故の原因となった。飛行中の航空機も、地上と連絡がとれなくなる危険性がある。太陽フレアは太陽黒点の極大期に頻繁に発生し、一一年周期で繰り返す。つまり、一一年ごとに大規模な太陽フレアに対する警戒が必要となる。最大規模のスーパーフレアは千年に一度の頻度で出現するとされている。ちなみに東日本大震災も千年に一度の規模だった。

これが真空の月面ともなると、太陽フレアによる放射線は人体にきわめて深刻な影響を及ぼす危険性が出てくる。では、こうした問題にどのように対処したらよいだろうか。

月の縦孔が将来人類の活動拠点に？

二〇〇九年、日本の月周回衛星「SELENE（かぐや）」に搭載されていた地形カメラの画像データによって、月表側の西部にある「マリウス丘」に、通常のクレーターとは異なる直径、深さともに数十メートルの縦孔が発見された。SELENEはアポロ計画以来、最大規模の本格的な月の探査であり、世界に先駆けたＪＡＸＡの快挙である。

さらなる調査で「静かの海」や月の裏側の「賢者の海」に、直径、深さともに一〇〇メートルにも及ぶ縦孔が発見された。中でも静かの海の縦孔は、その底に地球が常に見える場所が存在し、将来の月面基地建設の候補地点として価値が高い。

ＪＡＸＡは二〇一七年、ＮＡＳＡの探査機による観測データなども踏まえて詳しく解析した結果、月面の地下数十〜数百メートルの深さに、東西数十キロに延びる巨大な複数の空洞の存在を確認したと発表した。

二〇二〇年にＪＡＸＡなどの研究グループは、月面の縦孔地形を利用することで宇宙放射線による被曝線量が月表面の一〇％以下となり、地上における職業被曝の基準値以下にまで低減できることをシミュレーションにより明らかにしたと発表した。

一連の調査と研究で二〇二二年に「日本航空協会表彰空の夢賞」を受賞したＪＡＸＡ助教の春山純

一は、「縦孔の底には火山活動で溶岩が作った地下空洞『溶岩チューブ』があり、溶岩チューブの天井が崩落して空いた穴がこの縦孔ではないかと考えられています」「利用の観点としては、溶岩チューブの中は放射線や隕石衝突から人や機材が守られ、温度もほぼ一定なので将来人類の活動拠点として利用するのに非常に最適な環境だと考えられています」[*3]と受賞インタビューでコメントしている。

溶岩チューブとはその名の通り空洞で、火山から溶岩が流れ出て表面が固まったあと、内部の溶岩が流れ出てできたと考えられている。実は溶岩チューブは地球にもある。ハワイでは溶岩トンネルと呼ばれて、観光スポットになっている。日本では、富士山の麓に多数見られる風穴のことである。

縦孔や溶岩チューブを天然のシェルターとして利用できれば、春山の言うように放射線だけでなく、隕石が衝突する危険性や、厳しい寒暖差も回避できる。底面は最後に流れた溶岩が水平になって固まっていると推測されるため、天然の舗装が施されたような状態でレゴリスもなく、使いやすいはずだ。

大野も期待を込めて注目していて、すでに溶岩チューブ内での人工重力装置について具体的な検討を始めている。

「バス二台をやじろべえのように配置して、グルグル回すだけで、人工重力装置になるんですよ。これを溶岩チューブの中に作れば、長期間滞在可能な施設になります。訓練を積んだ宇宙飛行士が住む分には問題ありません。これなら二〇四〇年に実現可能だろうと考えています」

溶岩チューブ内は急速に冷却が進んだため密閉性も良く、前後を塞いで空気を入れれば、与圧空間を作るのも容易なはずだ。ということは、課題のひとつである気圧差の問題を回避できるかもしれない。

溶岩チューブ内ルナグラスのイメージ図（提供：鹿島建設）

アメリカの宇宙工学者ロバート・ズブリンは、火星に向かう宇宙船に搭載できる大きさの人工重力装置でも乗組員にとって問題ないと、次のように書いている。

「一九六〇年代、ＮＡＳＡは回転する建物に人間を入れて実験を行い、最初は方向感覚がくるうが、そのあとは回転に慣れ、最高六ｒｐｍまでなら、そこで暮らしたり、機能したり、歩きまわったりができることを発見した[*4]」

実は、中国も溶岩チューブに目を付けている。中国は二〇一三年に月面探査機の着陸に成功し、二〇一九年には世界で初めて月の裏面に探査機を着陸させた。さらに中国有人宇宙プロジェクト弁公室は「２０３０年までに月面に宇宙飛行士を送り込むと発表[*5]」している。「中国は『静かの海』と『豊かの海』の溶岩チューブの探査を優先している」「メインの探査機には車輪、または足があり、困難な地形に適応し、障害物を克服できるように構築される」「マイクロ波レーダーとレーザーレーダーを使用して自律的に溶岩チューブを通り抜けられる飛行可能なロボットを計画している」[*6]という報道もある。

溶岩チューブの争奪戦となることも予想される。

宇宙建築の五原則

大野は学生時代に「宇宙建築の五原則」を考えた。

第一に「平和思想」、第二に上下方向を感じられる「方向性」、第三にリスクを分散するための「避難場所」、第四に遮蔽技術などによる「安全安心」、そして最後が地球に戻ることができる「回帰性」である。

「回帰性」が重要であることは、すでに述べた。ここでは、「平和思想」を第一にあげた理由を紹介したい。

「人類が宇宙に広がるとき、同じ地球人という意識を持っていないと、いずれ紛争が起こるんじゃないか。地球のいざこざを宇宙に持っていったら、悲劇しかないと思うんです。だからこそ、宇宙に旅立とうとする僕たちの時代に、平和思想を精神的な核にすべきと思ったのです」

アメリカとソ連の冷戦、それに軍事利用が、初期の宇宙開発を加速させた。いまやアメリカと中国が、宇宙ステーションの建設や月面開発を競っている。インドは無人探査機の月着陸に成功し、アラブ首長国連邦は火星移住計画を掲げている。国家だけでなく、イーロン・マスクのスペースXやジェフ・ベゾスのブルーオリジンなど営利を求める民間企業も、宇宙開発の最前線に立っている。彼らによる開発競争が宇宙に平和をもたらすのか、それとも紛争の火種を広めるのか、私たち人類はその分岐点に立たされている。

＊1　神谷考司、津田憂子「ロシアの宇宙開発」（二〇一七年、科学技術振興機構研究開発戦略センター海外動向ユニット）
＊2　ジラード・K・オニール『宇宙植民島』（一九七七年、プレジデント社）
＊3　宇宙科学研究所研究情報ポータル「あいさすGATE」（二〇二二年一二月二一日）
＊4　ロバート・ズブリン『マーズ・ダイレクト　NASA火星移住計画』（一九九七年、徳間書店）
＊5　二〇二三年五月三〇日付、日本経済新聞
＊6　エヴァン・ゴフ「中国人宇宙飛行士、月の溶岩チューブに基地を建設か」『UNIVERSE TODAY』（二〇二三年九月二六日）

おわりに

「人類が、増えすぎた人口を宇宙に移民させるようになって、すでに半世紀が過ぎていた。地球の周りの巨大な人工都市は人類の第二の故郷となり、人びとはそこで子を生み、育て、そして死んでいった」

一九七九年に放映が開始されたテレビアニメ『機動戦士ガンダム』冒頭のナレーションである。本書では月面都市が本当に実現するかどうか、その手がかりとなる研究も紹介している。宇宙エレベーターを真剣に検討しているゼネコンの担当者にも話を聞いた。

SFの世界では宇宙植民地の反乱が定番のテーマのひとつだが、その背景にある宇宙法の課題も検討してみた。このように「宇宙」を考えるとき、地球の外へと思考を広げる方向性がある。

一方で、宇宙から地球を見つめ直すアプローチも重要だ。大学時代の取り組みや社会起業家の視点が超小型衛星ビジネスにつながったり、地場産業の町工場が衛星作りに乗り出したりしている。

本書はその両サイドから、宇宙開発に取り組む人びとを描いたドキュメントである。宇宙に魅入られた人びとに着目しながら、彼らの情熱をかきたてるものが何なのかを探ってみた。

そんな彼らに共通するキーワードがある。「宇宙の子」だ。

アメリカの著名な天文学者カール・セーガンは、世界中でベストセラーとなった著書『コスモス』の最終章「地球のために」の一節で、次のように記している。

「私たちは、きわめて深い意味において『宇宙の子』である」

「私たちのなかの何かが、『宇宙は私たちのふるさとである』ことを認めるのである。私たちは星の灰でできている。私たちの起源や進化は、はるかかなたの宇宙の出来事と結びついている。宇宙の探検は、自己発見の旅である」*1


セーガンの言葉を、わかりやすく言い換えてみたい。

私たち自身も宇宙の一部であることは確かだ。私たちの内部にも、内なる宇宙が広がっている。なぜ私たちが気の遠くなるような歳月をかけて人類に進化し、人間として存在しているのか。

それは、宇宙が自分自身を知るためなのである。


本書は月刊自動車雑誌『ニューモデルマガジンX』連載記事にインタビューを大幅に追加してまとめた。いつも著者を応援してくださる同誌編集長の神領貢氏に心よりお礼を申し上げたい。

プレジデント社書籍編集部長・書籍販売部長の桂木栄一氏には本書執筆を勧めていただいた。

貴重な時間を割いて取材にご協力いただいたみなさまに、改めて感謝申し上げたい。

二〇二四年四月一二日　人類が初めて宇宙飛行を経験した記念日に

著者

*1　カール・セーガン『コスモス 下』（一九八四年、朝日文庫）

著者略歴
中村尚樹（なかむら・ひさき）
一九六〇年、鳥取市生まれ。九州大学法学部卒。ジャーナリスト。法政大学社会学部非常勤講師。元NHK記者。著書に『最先端の研究者に聞く日本一わかりやすい2050の未来技術』『最前線で働く人に聞く日本一わかりやすい5G』『ストーリーで理解する日本一わかりやすいMaaS&CASE』（いずれもプレジデント社）、『マツダの魂――不屈の男 松田恒次』『最重度の障害児たちが語りはじめるとき』『認知症を生きるということ――治療とケアの最前線』『脳障害を生きる人びと――脳治療の最前線』（いずれも草思社）『占領は終わっていない――核・基地・冤罪 そして人間』（緑風出版）、『被爆者が語り始めるまで――ヒロシマ・ナガサキの絆』『奇跡の人びと――脳障害を乗り越えて』（共に新潮文庫）、『「被爆二世」を生きる』（中公新書ラクレ）など。共著に『スペイン市民戦争とアジア――遥かなる自由と理想のために』（九州大学出版会）、『スペイン内戦とガルシア・ロルカ』（南雲堂フェニックス）、『スペイン内戦（一九三六～三九）と現在』（ぱる出版）など。

〈初出〉
『ニューモデルマガジンX』（ムックハウス）シリーズ「〝シン〟・宇宙大航海時代」
2023年3月号、5月号、7月号、9月号、11月号、2024年1月号、2月号、3月号

日本一わかりやすい宇宙ビジネス
ネクストフロンティアを切り拓く人びと

2024年6月6日　第1刷発行

著者　中村尚樹
発行者　鈴木勝彦
発行所　株式会社プレジデント社
〒102-8641　東京都千代田区平河町2-16-1
平河町森タワー13階
編集（03）3237-3732　販売（03）3237-3731
https://www.president.co.jp/　https://presidentstore.jp/
販売　桂木栄一　高橋 徹　川井田美景　森田 巌　末吉秀樹
庄司俊昭　大井重儀
編集　桂木栄一　菊田麻矢
装幀　杉山健太郎
制作　関 結香
印刷・製本　中央精版印刷株式会社

ISBN 978-4-8334-2537-7
Printed in Japan
落丁・乱丁本はおとりかえいたします。